1 KMA 특징

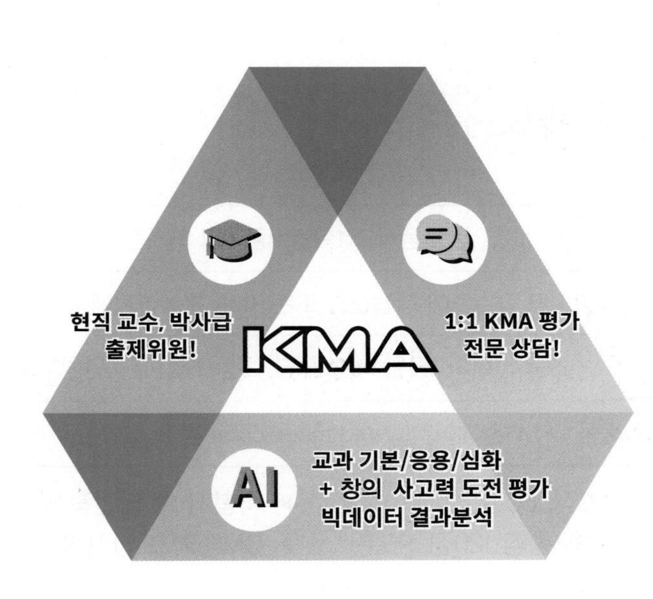

KMA 한국수학학력평가는 개개인의 현재 수학실력에 대한 면밀한 정보를 제공하고자 인공지능(AI)을 통한 빅데이터 평가 자료를 기반으로 문항별, 단원별 분석과 교과 역량 지표를 분석합니다. 또한 이를 바탕으로 전체 응시자 평균점과 상위 30 %, 10 % 컷 점수를 알고 본인의 상대적 위치를 확인할 수 있습니다.

KMA 한국수학학력평가는 단순 점수와 등급 확인을 위한 평가가 아니라 미래사회가 요구하는 수학 교과 역량 평가지표 5가지 영역을 평가함으로써 수학실력 향상의 새로운 기준을 만들었습니다.

KMA 한국수학학력평가는 평가 후 희망 학부모에 한하여 진단 상담 신청서와 상담 예약서를 작성하여 자녀의 수학학습에 관한 1 : 1 상담을 받을 수 있습니다.

KMA/KMAO 평가 일정 안내

구분	일정	내용
한국수학학력평가(상반기 예선)	매년 6월	상위 10% 성적 우수자에 본선 진출권 자동 부여
한국수학학력평가(하반기 예선)	매년 11월	
왕수학 전국수학경시대회(본선)	매년 1월	상반기 또는 하반기 KMA 한국수학학력평가에서 상위 10% 성적 우수자 대상으로 본선 진행

※ 상기 일정은 상황에 따라 변동될 수 있습니다.

KMA 시험 개요

참가 대상	초등학교 1학년~중학교 3학년
신청 방법	해당지역 접수처에 직접신청 또는 KMA 홈페이지에 온라인 접수
시험 범위	초등 : 1학기 1단원~5단원(단, 초등 1학년은 4단원까지)
	중등 : KMA홈페이지(www.kma-e.com) 참조

※ 초등 1, 2학년 : 25문항(총점 100점, 60분) ▶ **시험지 內 답안작성**

※ 초등 3학년~중등 3학년 : 30문항(총점 120점, 90분) ▶ **OMR 카드 답안작성**

KMA 평가 영역

KMA 한국수학학력평가에서는 아래 5가지 수학교과역량을 평가에 반영하였습니다.

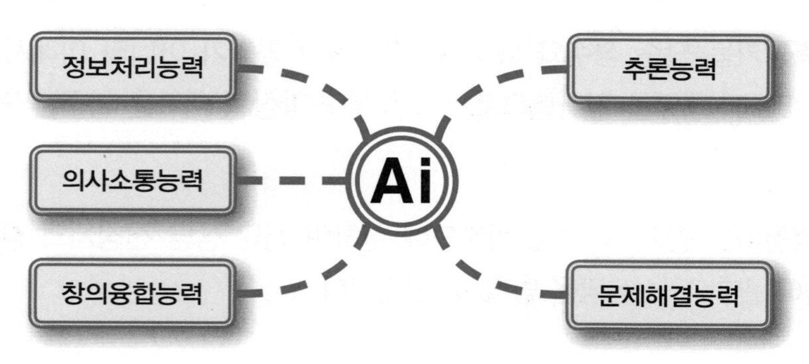

KMA 평가 내용

교과서 기본 과정 (10문항)	해당학년 수학 교과과정에서 기본개념과 원리에 기반 한 교과서 기본문제 수준으로 수학적 원리와 개념을 정확히 알고 있는지를 측정하는 문항들로 구성됩니다.
교과서 응용 과정 (10문항)	해당학년 수학 교과과정의 수학적 원리와 개념을 정확히 알고 기본문제에서 한 단계 발전된 형태의 수준으로 기본과정의 개념과 원리를 다양한 상황에 적용하고 응용 할 수 있는지를 측정하는 문항들로 구성됩니다.
교과서 심화 과정 (5문항)	해당학년의 수학 교과과정의 내용을 정확히 알고, 이를 다양한 상황에 적용하고 응용하는 능력뿐만 아니라, 문제에서 구하는 내용과 주어진 조건과의 상호 관련성을 파악하여 문제를 해결할 수 있는지를 측정하는 문항들로 구성됩니다.
창의 사고력 도전 문제 (5문항)	학습한 수학내용을 자유자재로 문제상황에 적용하며, 창의적으로 문제를 해결할 수 있는 수준으로 이 수준의 문항은 학생들이 기존의 풀이방법에서 벗어나 창의성을 요구하는 비정형 문항으로 구성됩니다.

※ 창의 사고력 도전 문제는 초등 3학년~중등 3학년만 적용됩니다.

KMA 평가 시상

	시상명	대상자	시상내역
개인	금상	90점 이상	상장, 메달
	은상	80점 이상	상장, 메달
	동상	70점 이상	상장, 메달
	장려상	50점 이상	상장
학원	최우수학원상	수상자 다수 배출 상위 10개 학원	상장, 상패, 현판
	우수학원상	수상자 다수 배출 상위 30개 학원	상장, 족자(배너)
	우수지도교사상	상위 10% 성적 우수학생의 지도교사	상장

※ 상위 10% 이내 성적 우수자에 본선(KMAO 왕수학 전국수학경시대회) 진출권 부여

KMA OMR 카드 작성시 유의사항

1. 모든 항목은 컴퓨터용 사인펜만 사용하여 보기와 같이 표기하시오.
   보기) ① ● ③
   ※ 잘못된 표기 예시 : ✓ ⊗ ⊙ ⊘
2. 수정시에는 수정테이프를 이용하여 깨끗하게 수정합니다.
3. 수험번호란과 생년월일란에는 감독 선생님의 지시에 따라 아라비아 숫자로 쓰고 해당란에
3. 표기하시오.
4. 답란에는 아라비아 숫자를 쓰고, 해당란에 표기하시오.
   ※ OMR카드를 잘못 작성하여 발생한 성적 결과는 책임지지 않습니다.

OMR 카드 답안작성 예시 1

한 자릿수

예1) 답이 1 또는 선다형 답이 ①인 경우

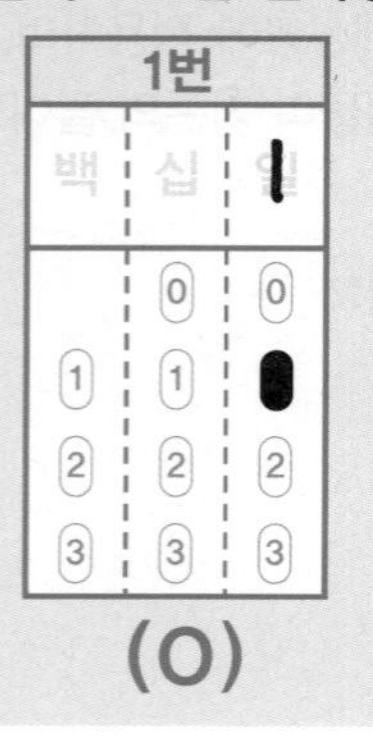

(O)

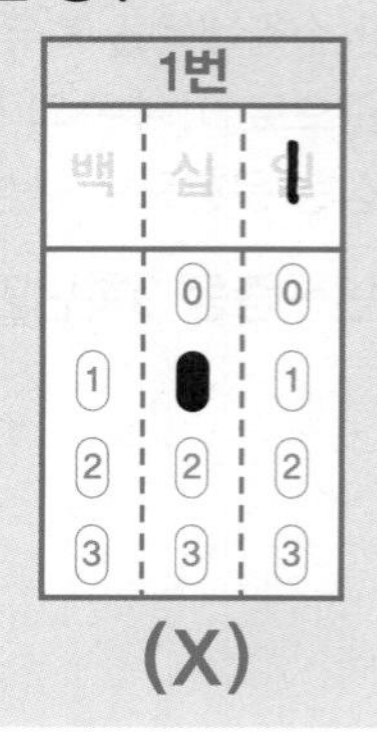

(X)

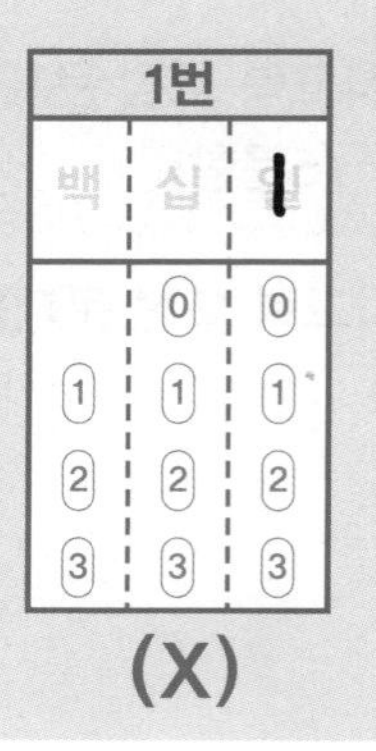

(X)

OMR 카드 답안작성 예시 2

두 자릿수

예2) 답이 12인 경우

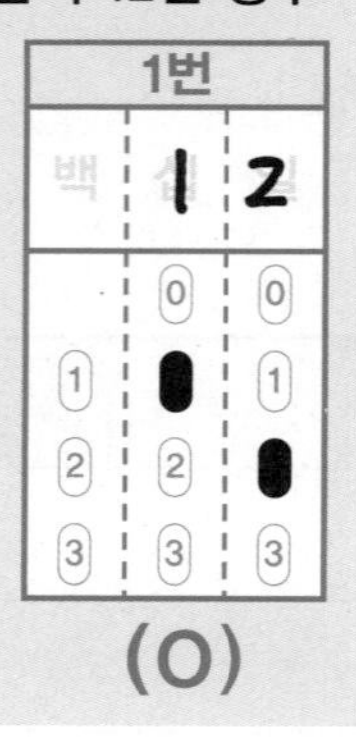

(O)

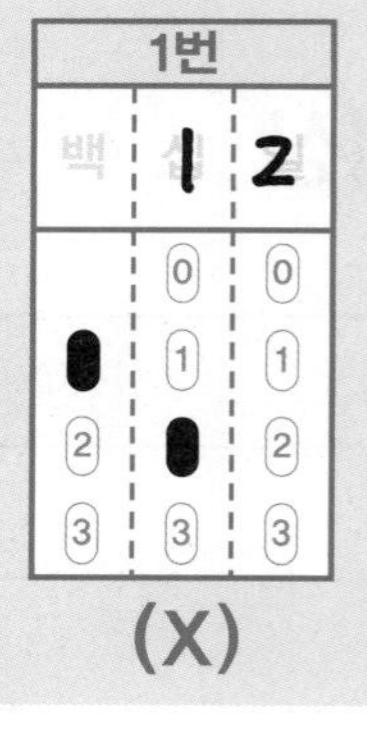

(X)

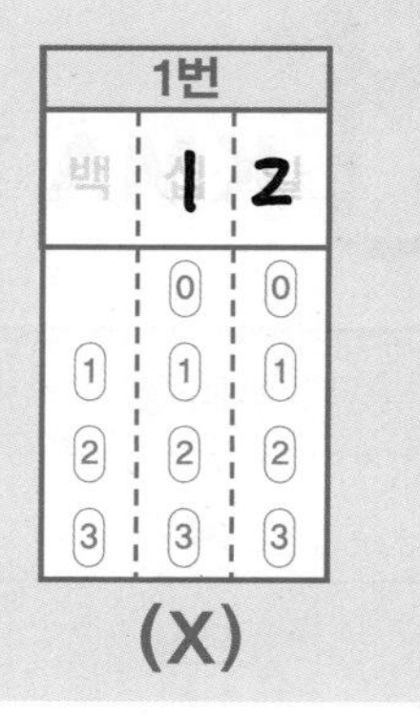

(X)

OMR 카드 답안작성 예시 3

세 자릿수

예3) 답이 230인 경우

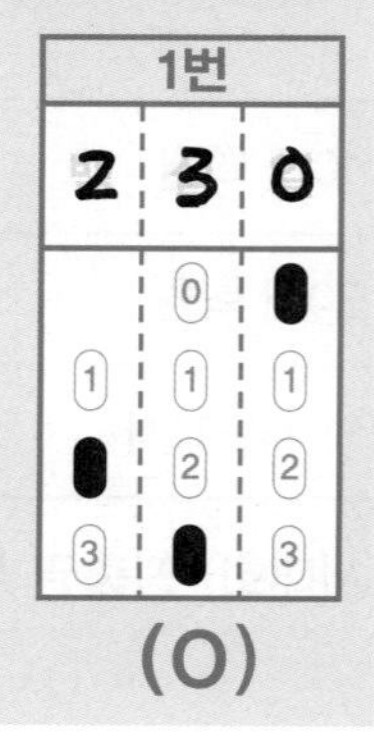

(O)

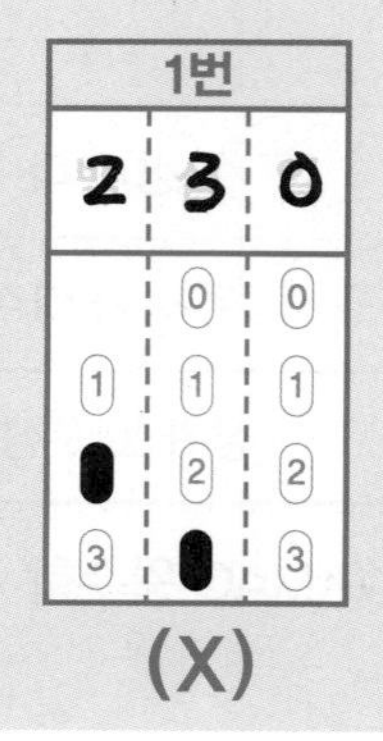

(X)

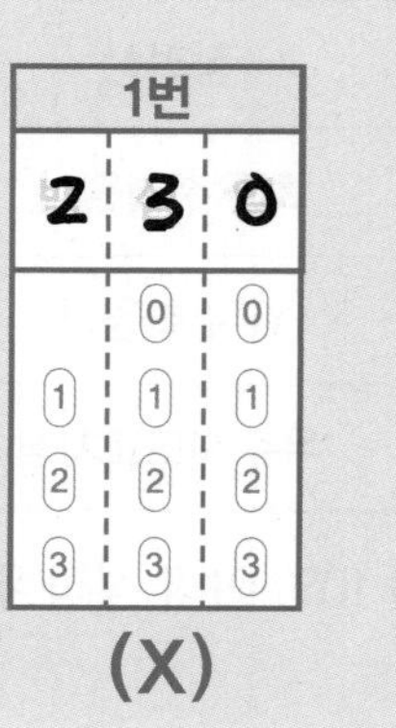

(X)

KMA 접수 안내 및 유의사항

(1) 가까운 지정 접수처 또는 KMA 홈페이지(www.kma-e.com)에서 접수합니다.

(2) 지정 접수처 접수 시, 응시원서를 작성하여 응시료와 함께 접수합니다.
(KMA 홈페이지에서 응시원서를 다운로드 받아 사용 가능)

(3) 응시원서는 모든 사항을 빠짐없이 정확하게 작성합니다.
시험장소는 접수 마감 후 추후 KMA 홈페이지에 공지할 예정입니다.

(4) 초등학교 3학년 응시생부터는 OMR 카드를 사용하여 답안을 작성하기 때문에 KMA 홈페이지에서 OMR 카드를 다운로드하여 충분히 연습하시기 바랍니다.
(OMR 카드를 잘못 작성하여 발생한 성적에 대해서는 책임지지 않습니다.)

(5) 부정행위 또는 타인의 시험을 방해하는 행위 적발 시, 즉각 퇴실 조치하고 당해 시험은 0점 처리되오니, 이점 유의하시기 바랍니다.

KMAO 왕수학 전국수학경시대회(본선)

KMA 한국수학학력평가 성적 우수자(상위 10%) 등을 대상으로 왕수학 전국수학경시대회를 통해 우수한 수학 영재를 조기에 발굴 교육함으로, 수학적 문제해결력과 창의 융합적 사고력을 키워 미래의 우수한 글로벌 리더를 키우고자 본 경시대회를 개최합니다.

참가 대상 및 응시료	KMA 한국수학학력평가 상반기 또는 하반기에서 성적 우수자 상위 10% 해당자로 본선 진출 자격을 받은 학생 또는 일반 참가 학생 * 본선 진출 자격을 받은 학생들은 응시료를 할인 받을 수 있는 혜택이 있습니다.
대상 학년	초등 : 초3 ~ 초6(상급학년 지원 가능) ※초1~2학년은 본선 시험이 없으므로 초3학년에 응시 자격 부여함. 중등 : 중등 통합 공통과정(학년구분 없음)
출제 문항 및 시험 시간	주관식 단답형(23문항), 서술형(2문항) 시험 시간 : 90분 * 풀이 과정에 따른 부분 점수가 있을 수 있습니다.
시험 난이도	왕수학(실력), 점프왕수학, 응용왕수학, 올림피아드왕수학 수준

* 시상 및 평가 일정 등 자세한 내용은 KMA 홈페이지(www.kma-e.com)에서 확인 하실 수 있습니다.

교재의 구성과 특징

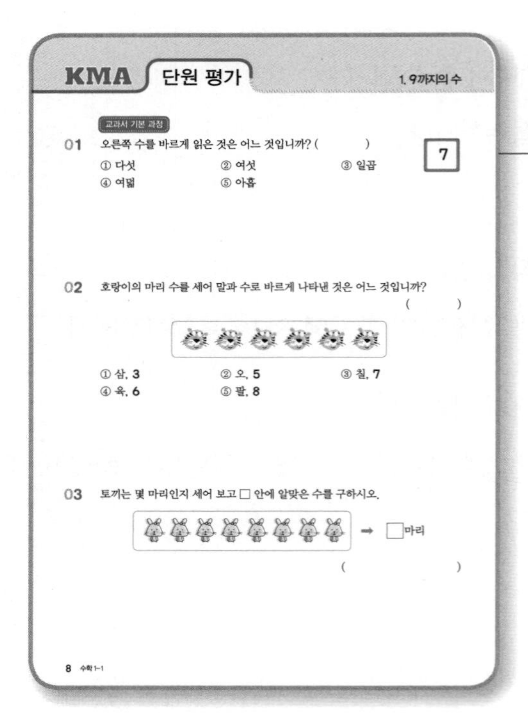

KMA 단원 평가 1. 9까지의 수

교과서 기본 과정

01 오른쪽 수를 바르게 읽은 것은 어느 것입니까? (　　　)

7

① 다섯 ② 여섯 ③ 일곱
④ 여덟 ⑤ 아홉

02 호랑이의 마리 수를 세어 말과 수로 바르게 나타낸 것은 어느 것입니까? (　　　)

① 삼, 3 ② 오, 5 ③ 칠, 7
④ 육, 6 ⑤ 팔, 8

03 토끼는 몇 마리인지 세어 보고 □ 안에 알맞은 수를 구하시오.

→ □마리

(　　　)

8 수학 1-1

단원평가

KMA 시험을 대비할 수 있는 문제 유형들을 단원별로 정리하여 수록하였습니다.

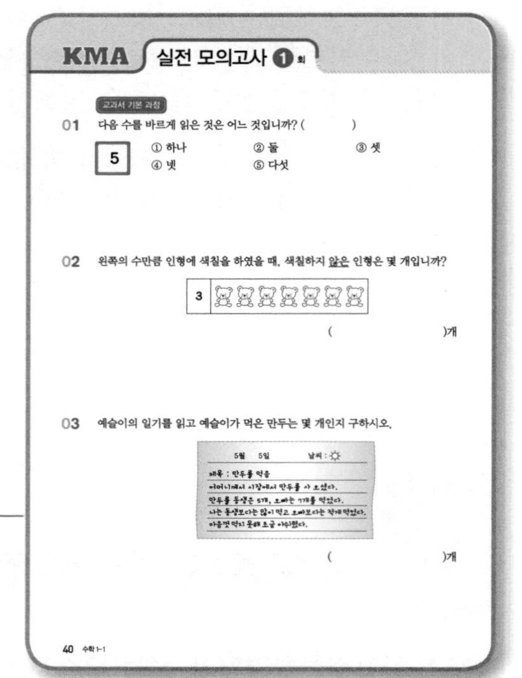

KMA 실전 모의고사 ❶회

교과서 기본 과정

01 다음 수를 바르게 읽은 것은 어느 것입니까? (　　　)

5

① 하나 ② 둘 ③ 셋
④ 넷 ⑤ 다섯

02 왼쪽의 수만큼 인형에 색칠을 하였을 때, 색칠하지 않은 인형은 몇 개입니까?

3

(　　　)개

03 예슬이의 일기를 읽고 예슬이가 먹은 만두는 몇 개인지 구하시오.

5월 5일 날씨:

(　　　)개

40 수학 1-1

실전 모의고사

출제율이 높은 문제를 수록하여 KMA 시험을 완벽하게 대비할 수 있도록 합니다.

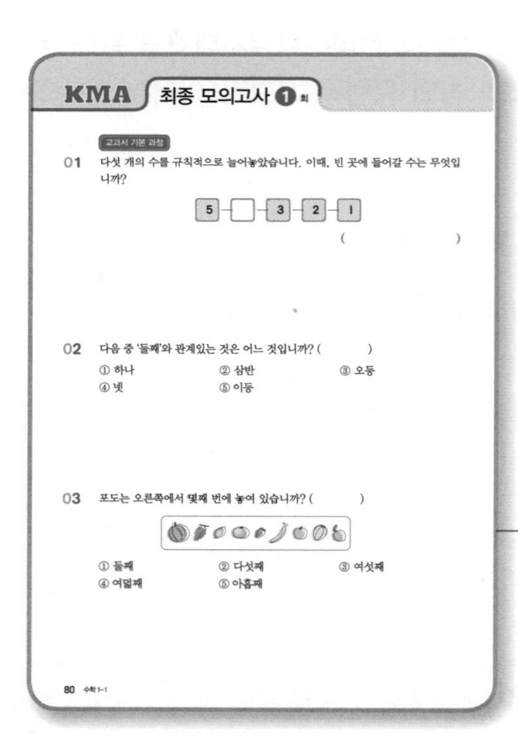

KMA 최종 모의고사 ❶회

교과서 기본 과정

01 다섯 개의 수를 규칙적으로 늘어놓았습니다. 이때, 빈 곳에 들어갈 수는 무엇입니까?

5 – □ – 3 – 2 – 1

(　　　)

02 다음 중 '둘째'와 관계있는 것은 어느 것입니까? (　　　)

① 하나 ② 삼반 ③ 오등
④ 넷 ⑤ 이등

03 포도는 오른쪽에서 몇째 번에 놓여 있습니까? (　　　)

① 둘째 ② 다섯째 ③ 여섯째
④ 여덟째 ⑤ 아홉째

80 수학 1-1

최종 모의고사

KMA 출제 위원과 검토 위원들이 문제 난이도와 타당성 등을 모두 고려한 최종 모의고사를 통하여 KMA 시험을 최종적으로 대비할 수 있도록 하였습니다.

Contents

교과서 기본 과정

01 오른쪽 수를 바르게 읽은 것은 어느 것입니까? (　　　　)

7

① 다섯　② 여섯　③ 일곱
④ 여덟　⑤ 아홉

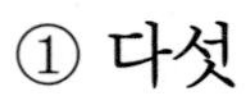

02 호랑이의 마리 수를 세어 말과 수로 바르게 나타낸 것은 어느 것입니까?
(　　　　)

① 삼, **3**　② 오, **5**　③ 칠, **7**
④ 육, **6**　⑤ 팔, **8**

03 토끼는 몇 마리인지 세어 보고 □ 안에 알맞은 수를 구하시오.

(　　　　　　　　)

04 수를 두 가지 방법으로 바르게 읽은 것은 어느 것입니까? (　　　　　)

① **3** ➡ 삼, 넷　　② **5** ➡ 오, 셋　　③ **6** ➡ 육, 다섯
④ **8** ➡ 팔, 여덟　　⑤ **9** ➡ 칠, 아홉

05 ○와 □ 안에 알맞은 수와 말을 바르게 구한 것은 어느 것입니까? (　　　　　)

3	4	5	○	7
셋째	넷째	다섯째	□	일곱째

① **1**, 첫째　　② **2**, 둘째　　③ **6**, 여섯째
④ **8**, 여덟째　　⑤ **9**, 아홉째

06 당근 **9**개가 놓여 있습니다. 왼쪽부터 세어 셋째에 있는 당근은 오른쪽부터 세어 몇 째에 있는 당근입니까? (　　　　　)

① 다섯째　　② 여섯째　　③ 일곱째
④ 여덟째　　⑤ 아홉째

07 수를 순서대로 늘어놓았습니다. ㉠에 알맞은 수를 구하시오.

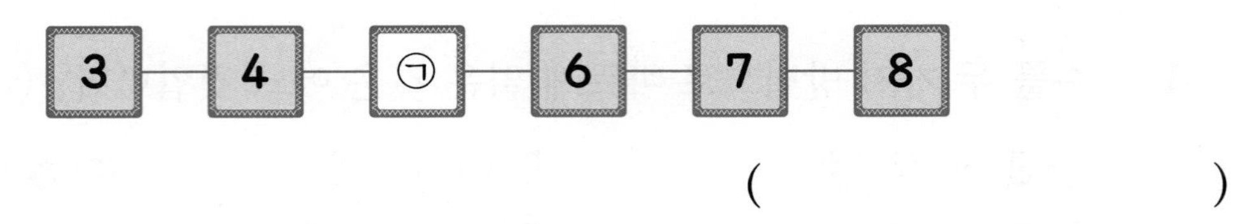

( )

08 순서를 거꾸로 하여 수를 쓸 때 ㉠에 알맞은 수를 구하시오.

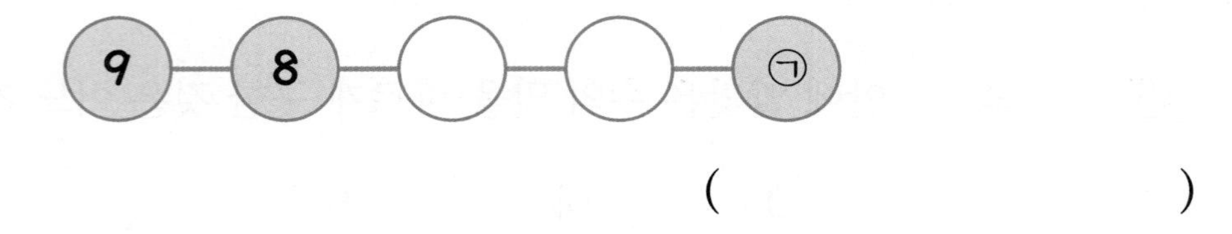

( )

09 사과는 4개 있고, 배는 6개 있습니다. 바나나는 사과보다 많고 배보다는 적습니다. 바나나는 몇 개 있습니까?

( )개

10 밑줄 친 수를 상황에 맞게 바르게 읽은 것은 어느 것입니까? ( )

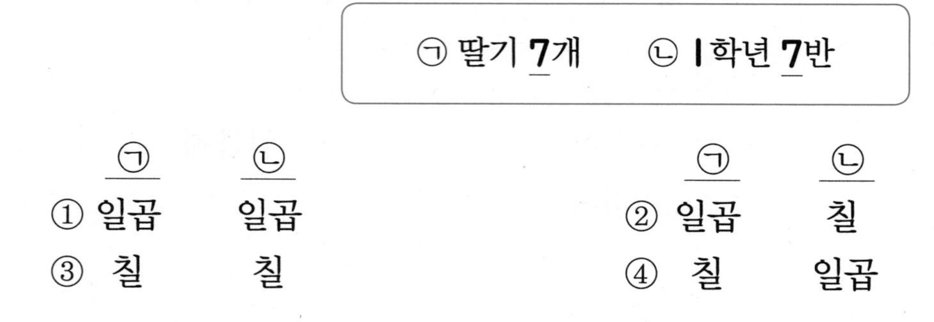

	㉠	㉡		㉠	㉡
①	일곱	일곱	②	일곱	칠
③	칠	칠	④	칠	일곱

교과서 응용 과정

11 나머지 셋과 관계 없는 것을 찾아 번호를 쓰시오.

① 오	② 5	③ 사	④ 다섯

( )

12 딸기의 개수는 사탕의 개수보다 몇 개 더 많습니까?

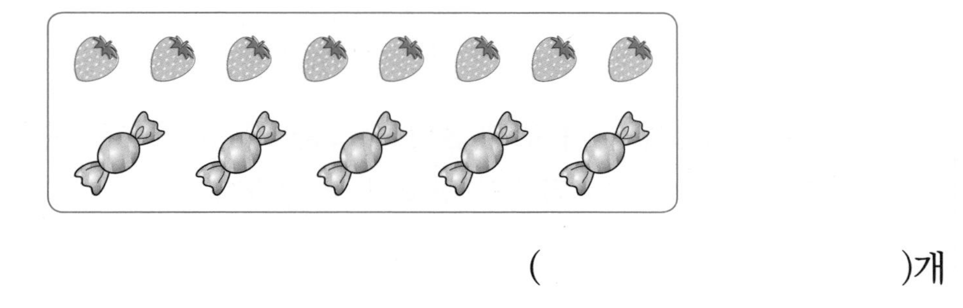

( )개

13 어머니의 여행용 가방 비밀번호를 잊어버렸습니다. 비밀번호의 힌트를 읽고 비밀번호를 구하면 어느 것입니까? ( )

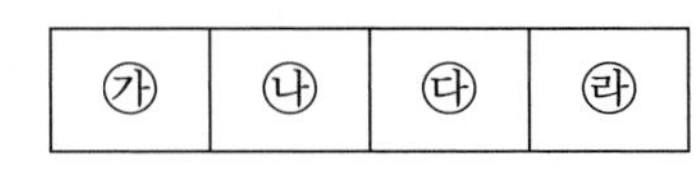

힌트
- ㉮~㉱칸에는 0부터 9까지의 서로 다른 수가 하나씩 들어갑니다.
- ㉮에서 ㉱로 갈수록 큰 수가 들어갑니다.
- ㉮에는 2와 4 중 더 작은 수가 들어갑니다.
- ㉯에 들어갈 수는 5보다 큽니다.
- ㉱에 들어갈 수는 7보다 크고 9보다 작은 수입니다.

① 2345　② 2678　③ 2568
④ 2578　⑤ 4678

14 타일 수가 나머지와 <u>다른</u> 하나는 어느 것입니까? (　　　　)

① 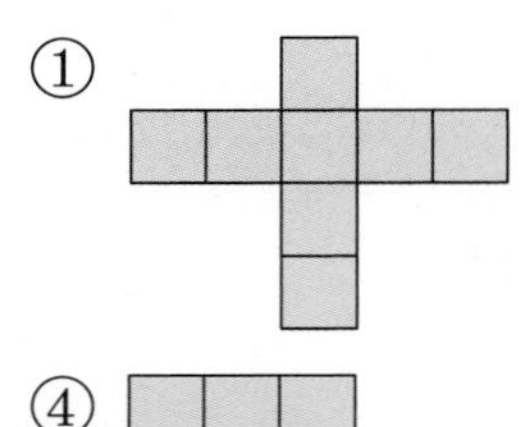
② 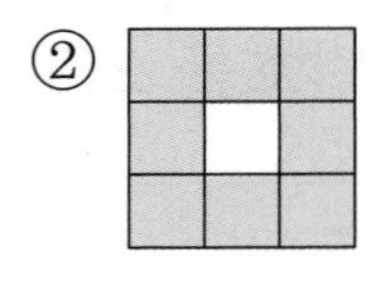
③ 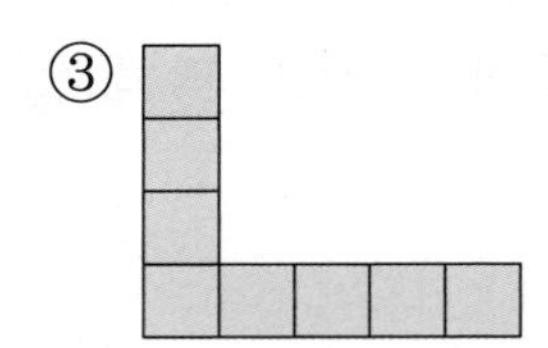
④ 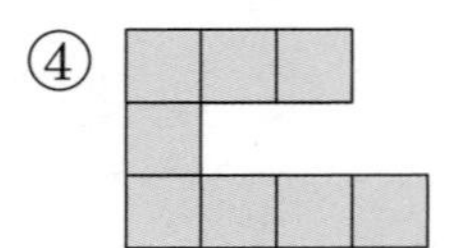
⑤ 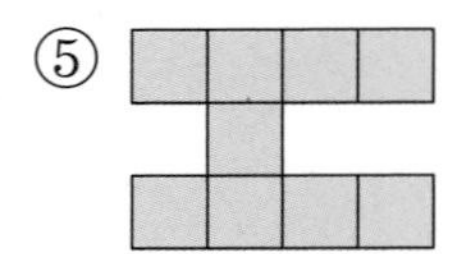

15 아이스크림을 사기 위해 **8**명이 줄을 서 있습니다. 윤희의 앞에 **5**명의 사람이 서 있다면 윤희는 뒤에서 몇째에 서 있습니까? (　　　　)

① 첫째　　② 둘째　　③ 셋째
④ 넷째　　⑤ 다섯째

16 수를 순서대로 늘어놓을 때, ㉠에 알맞은 수를 구하시오.

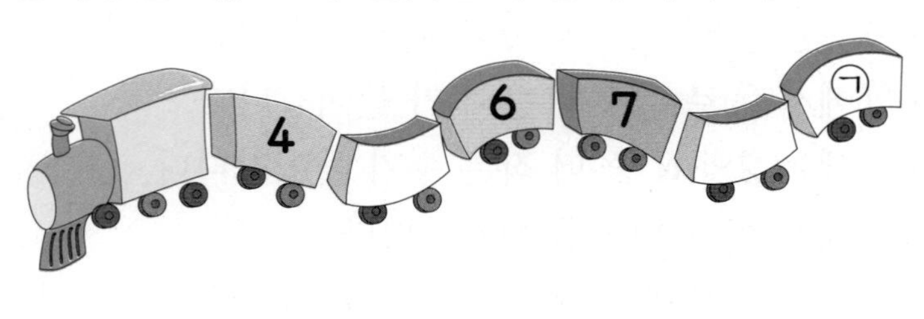

(　　　　　　　　)

17 □ 안에 알맞은 수를 써넣을 때 가장 큰 수를 써넣어야 하는 것은 어느 것입니까? (　　　　)

① □보다 1 작은 수는 7입니다.
② □보다 1 큰 수는 7입니다.
③ □보다 3 큰 수는 8입니다.

18 체육 시간에 9명이 달리기를 하고 있습니다. 철수의 앞에는 4명의 친구들이 달리고 있습니다. 유리는 철수의 다음에 달리고 있습니다. 유리는 뒤에서 몇째에서 달리고 있습니까? (　　　　)

① 첫째　② 둘째　③ 셋째
④ 넷째　⑤ 다섯째

19 학생들이 가지고 있는 스티커 수를 이야기하고 있습니다. 셋째로 많은 스티커를 가지고 있는 사람은 누구입니까? (　　　　)

우리 : 수연이는 나보다 스티커를 1개 적게 가지고 있어.
민주 : 나는 스티커를 9보다 1 작은 수만큼 가지고 있어.
수연 : 나는 스티커 5개를 가지고 있었는데 어제 성인이에게 1개 더 받았어.
성인 : 철수는 나보다 스티커가 1개 적어.
철수 : 나는 스티커를 3개 가지고 있어.

① 우리　② 민주　③ 수연
④ 성인　⑤ 철수

20 1부터 9까지의 수 중에서 ㉠과 ㉡의 □ 안에 공통으로 들어갈 수 있는 수는 모두 몇 개입니까?

㉠ 4는 □보다 작습니다. ㉡ □은(는) 9보다 작습니다.

( )개

교과서 심화 과정

21 버스 정류장에 사람들이 한 줄로 서 있습니다. 예슬이는 앞쪽에서 셋째, 뒤쪽에서 다섯째에 서 있습니다. 버스 정류장에 한 줄로 서 있는 사람은 모두 몇 명입니까?

( )명

22 주어진 수를 가장 작은 수부터 차례로 늘어놓았을 때 둘째와 여섯째 사이에 놓이는 수 중에서 가장 큰 수를 구하시오.

( )

23 상연이와 예슬이는 사탕 9개를 나누어 먹었습니다. 상연이가 예슬이보다 사탕을 3개 더 많이 먹었다면 상연이가 먹은 사탕은 몇 개입니까?

( )개

24 영수와 한솔이는 구슬을 몇 개씩 가지고 있었습니다. 영수가 한솔이에게 2개를 주면 한솔이가 영수보다 1개가 더 많아집니다. 한솔이가 영수에게 2개를 주면 영수는 한솔이보다 구슬이 몇 개 더 많아집니까?

( )개

25 효근이네 모둠 학생들과 신영이네 모둠 학생들이 모둠별로 줄을 서 있습니다. 효근이는 앞에서 둘째, 뒤에서 여섯째에 서 있고 신영이는 앞에서 셋째, 뒤에서 일곱째에 서 있습니다. 신영이네 모둠은 효근이네 모둠보다 몇 명 더 많습니까?

( )명

교과서 기본 과정

01 다음 중 모양이 나머지와 다른 하나는 어느 것입니까? (　　　　)

① 

② 

③ 

④ 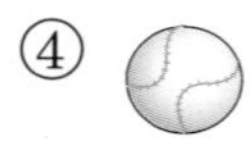

⑤ 

02 (공 모양) 모양은 (원기둥 모양) 모양보다 몇 개 더 적습니까?

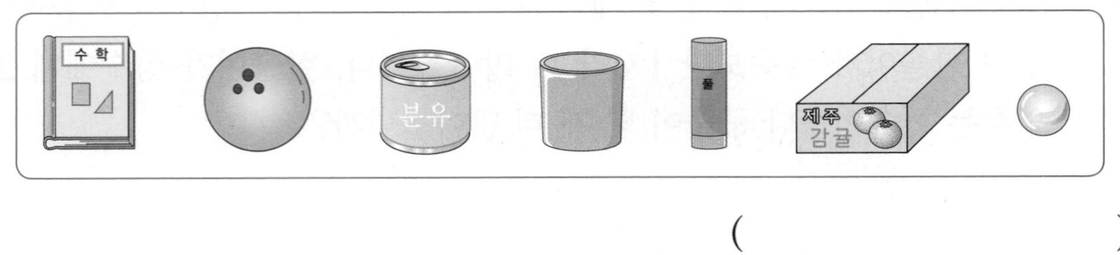

(　　　　　　　　)개

03 오른쪽 그림은 물건이 가려져서 일부분만 보이는 것을 나타낸 것입니다. 어떤 모양입니까? (　　　　)

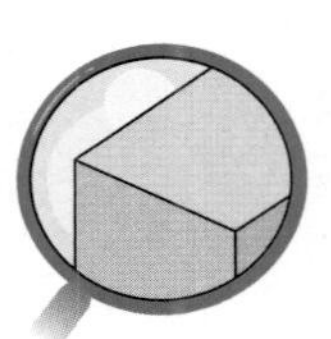

① 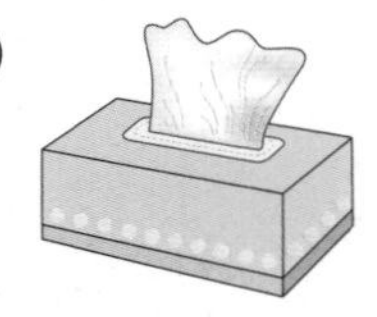

② 

③ 

④ 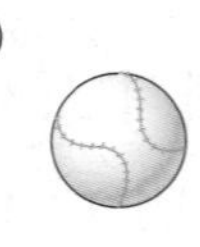

⑤

04 다음 그림에서 평평하고 뾰족한 부분이 있는 것은 모두 몇 개입니까?

(　　　　　　　　)개

05 전체가 둥글게 되어 있고, 어느 방향으로 굴려도 잘 굴러가는 모양은 어느 것입니까? (　　　　)

① 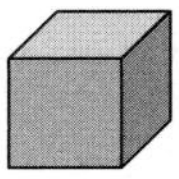 　　② 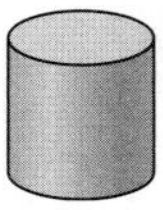 　　③

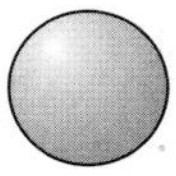

06 오른쪽과 같은 모양을 만드는 데 사용한 [원기둥] 모양은 몇 개입니까?

(　　　　　　　　)개

07 오른쪽과 같은 모양을 만드는 데 사용한 모양이 <u>아닌</u> 것은 어느 것입니까? (　　　　)

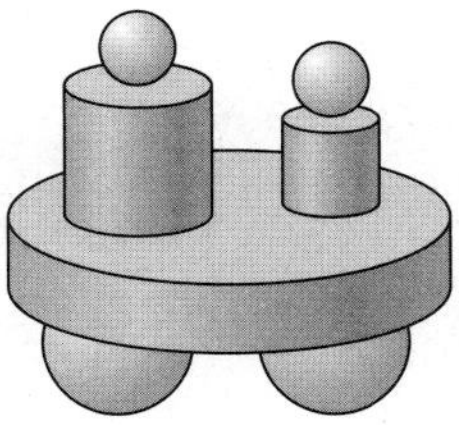

① 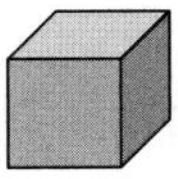 　　② 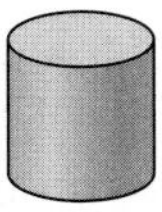 　　③

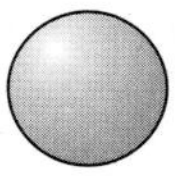

08 동민이는 오른쪽과 같은 모양을 만들었습니다. 가장 많이 사용한 모양은 어느 것입니까? (　　　　)

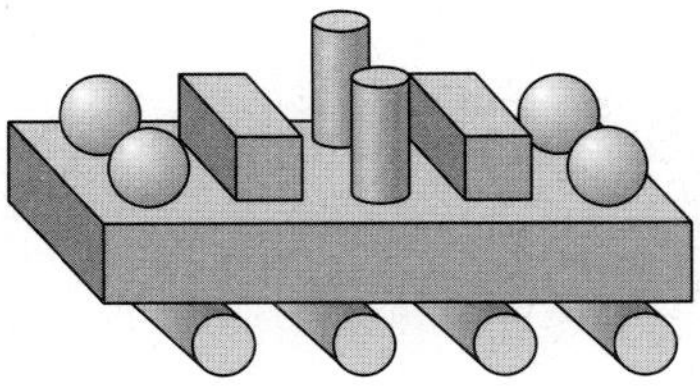

① 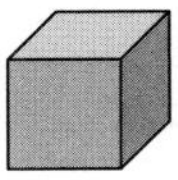 　　② 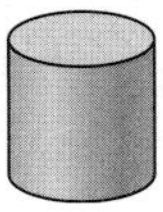 　　③

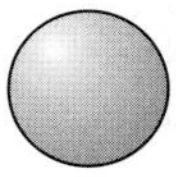

09 다음 그림에서 쌓을 수 <u>없는</u> 것은 모두 몇 개입니까?

( )개

10 가영이가 오른쪽과 같은 모양을 만들었더니 (모양 그림) 모양이 **2**개 남았습니다. 가영이가 가지고 있던 (모양 그림) 모양은 모두 몇 개입니까?

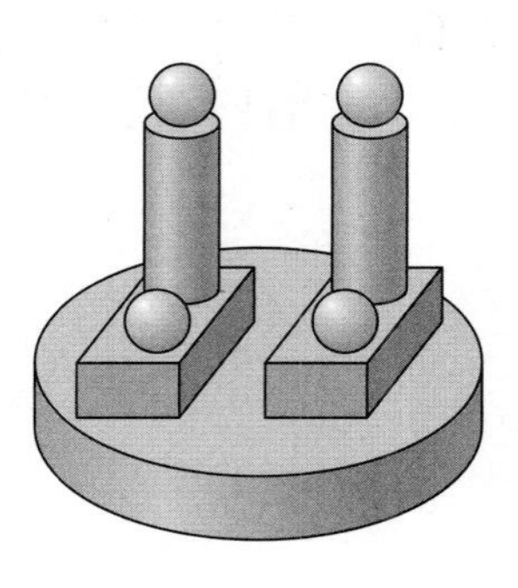

( )개

교과서 응용 과정

11 아래 모양은 (모양 그림), (모양 그림), (모양 그림) 모양을 사용해서 만든 모양입니다. 두 사람이 사용한 모양 중 조건에서 설명하는 모양은 모두 몇 개입니까?

조건
- 평평한 부분이 있어.
- 뾰족한 부분도 있어.

수민이가 만든 모양	예슬이가 만든 모양

( )개

12 그림에서 개수가 가장 많은 학용품을 찾아 그 개수를 세어 보시오.

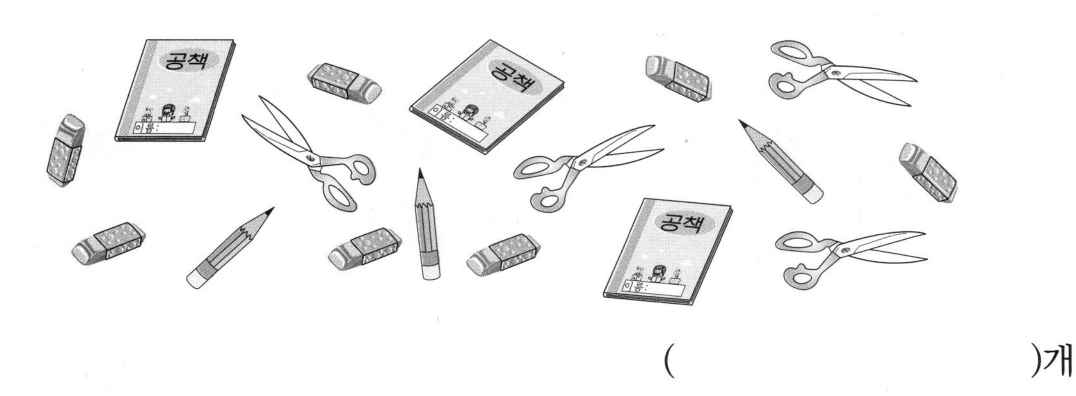

( )개

13 다음 모양을 모두 사용하여 만든 것은 어느 것입니까? ( )

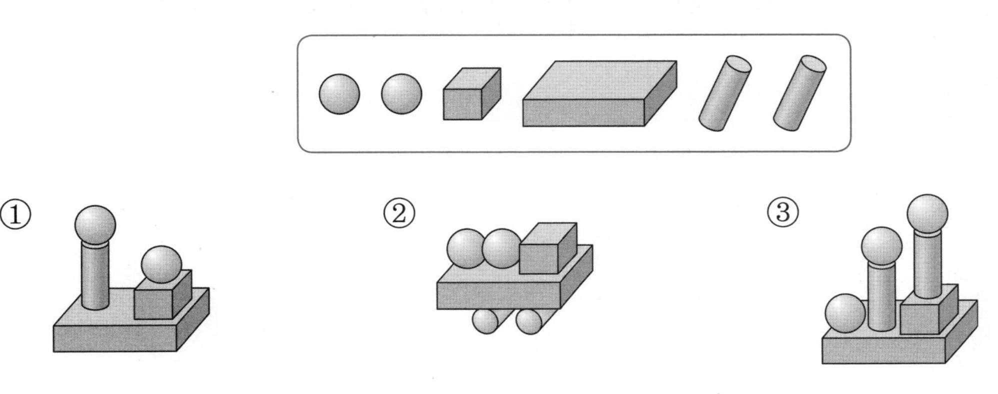

14 오른쪽 모양을 만들 때 가장 많이 사용한 모양과 가장 적게 사용한 모양을 차례로 답한 것은 어느 것입니까? ( )

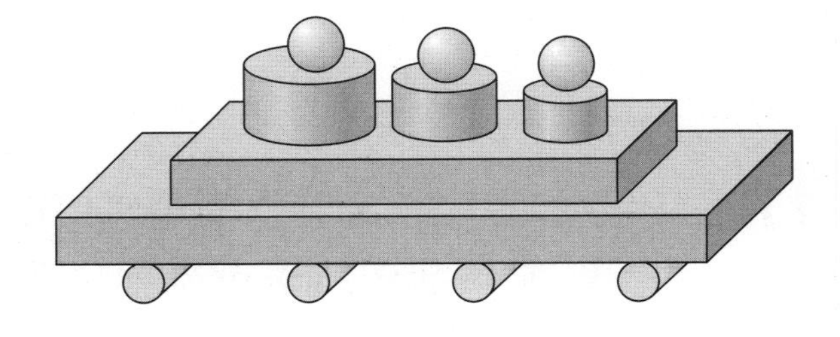

① 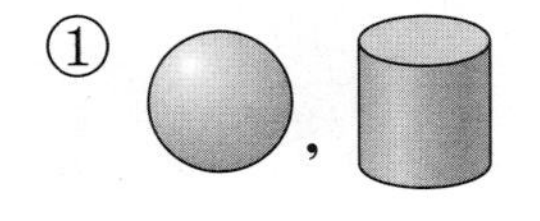

② 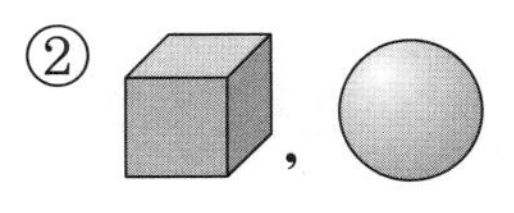

③ 

④ 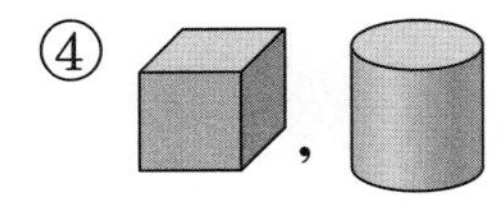

⑤ 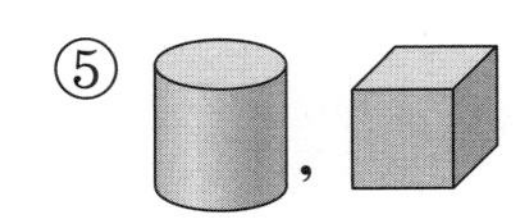

15 모양 **2**개, 모양 **5**개, 모양 **4**개로 만든 것은 어느 것입니까?

( )

① 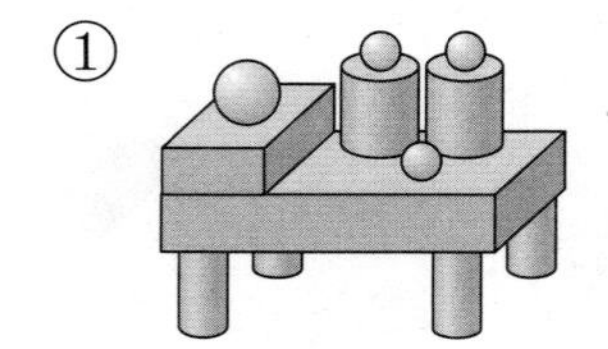

② 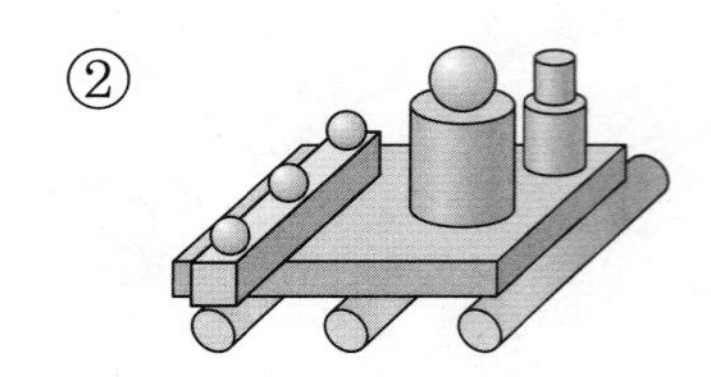

③ 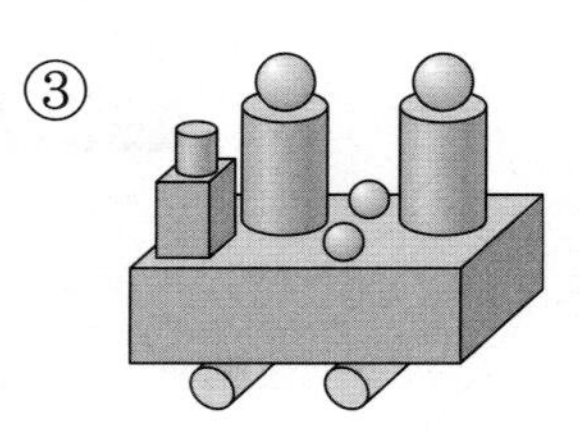

16 다음과 같은 순서대로 물건을 놓을 때 아홉째에 놓이는 물건은 어떤 모양입니까? ( )

① 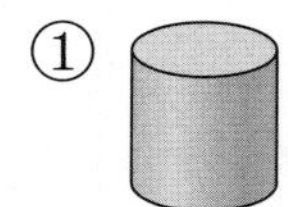

② 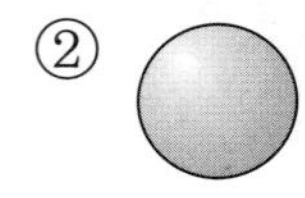

③ 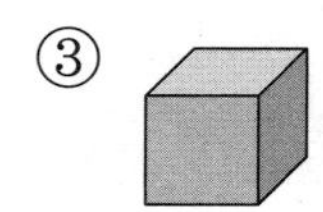

17 오른쪽과 같은 모양을 만들 때 모양은 모양보다 몇 개 더 많이 사용하게 됩니까?

( )개

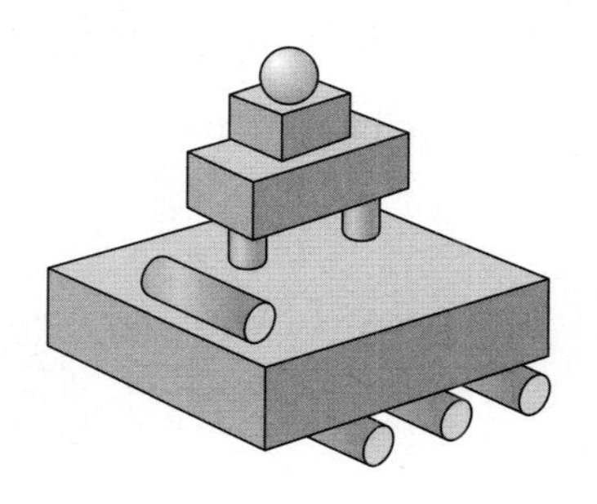

18 오른쪽과 같은 모양을 **3**개 만들려고 합니다. 모양은 모양보다 몇 개 더 많이 필요합니까?

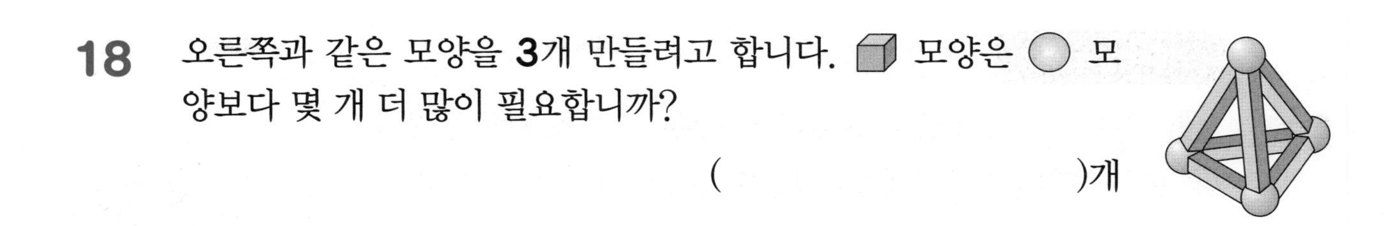

(　　　　　　　　　　)개

19 빈 곳에 들어갈 모양과 같은 물건은 어느 것입니까? (　　　　)

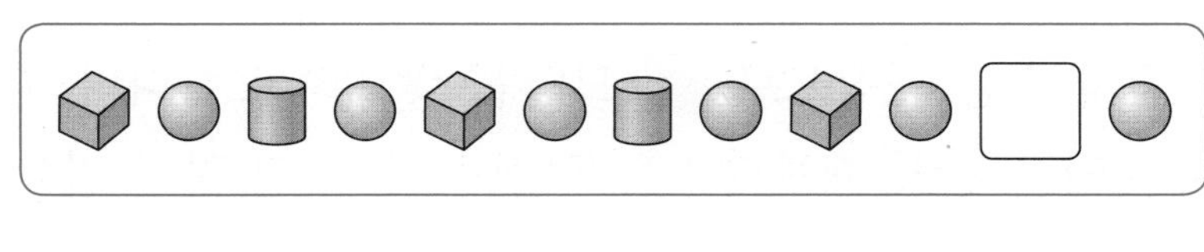

① 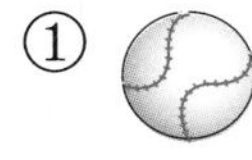

② 

③ 

20 가영, 석기, 예슬이는 서로 다른 모양을 가졌습니다. 석기가 가진 모양은 어느 것입니까? (　　　　)

가영 : 나는 , 모양 중 한 개를 가졌어.
석기 : 나는 모양을 갖지 않았어.
예슬 : 모양은 내가 가졌지.

① 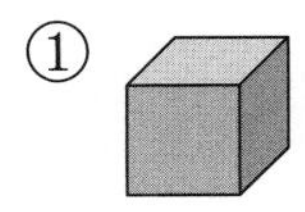

② 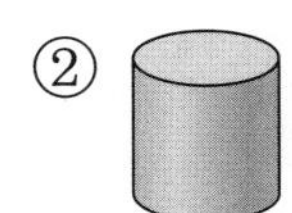

③ 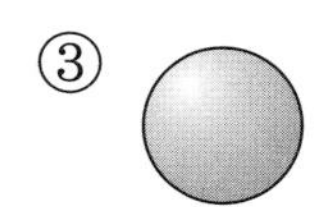

교과서 심화 과정

21 ▢, ▢, ◯ 모양으로 오른쪽과 같은 모양을 만들었습니다. ◯ 모양은 ▢ 모양보다 몇 개 더 많이 사용하였습니까?

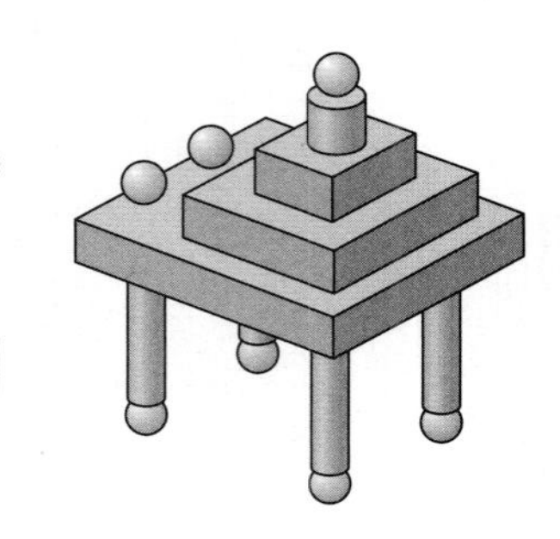

( )개

22 다음 그림과 같은 규칙으로 ▢ 모양을 쌓으려고 합니다. 다섯째 모양을 만들려면 넷째 모양을 만들 때보다 ▢ 모양이 몇 개 더 많이 필요합니까?

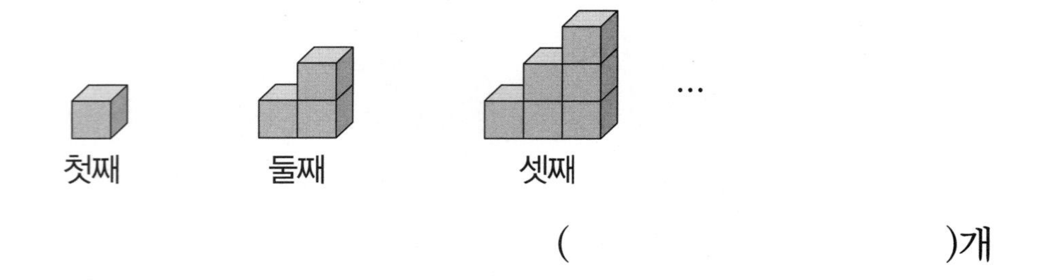

( )개

23 다음과 같이 ▢ 모양을 규칙적으로 쌓으려고 합니다. 아홉째는 여덟째보다 ▢ 모양이 몇 개 더 필요합니까? (단, 보이지 않는 ▢ 모양은 없습니다.)

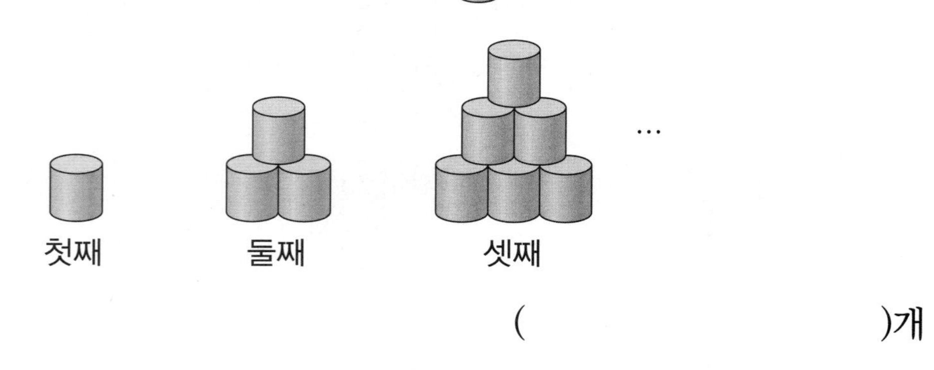

( )개

24 가영이는 가지고 있는 모양과 석기에게 받은 모양을 모두 사용하여 오른쪽과 같은 모양을 만들었습니다. 가영이가 석기에게 받은 모양이 [직육면체] 모양 1개, [원기둥] 모양 5개, [구] 모양 4개라면 가영이가 처음에 가지고 있던 [직육면체] 모양, [원기둥] 모양, [구] 모양은 모두 몇 개입니까?

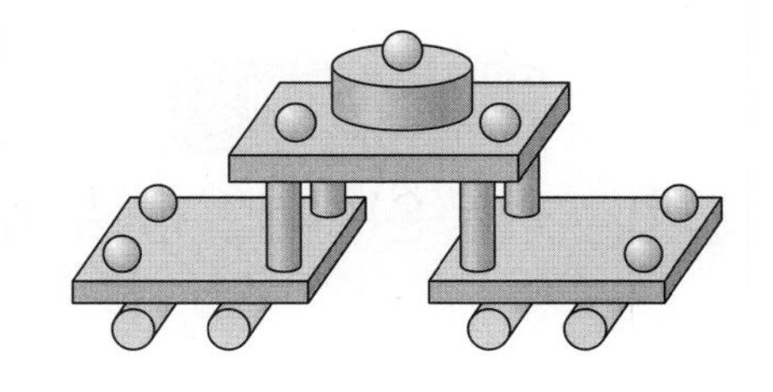

( )개

25 [직육면체], [구], [원기둥] 모양이 모두 합하여 7개 있습니다. 7개의 모양을 조건에 맞게 각 칸에 하나씩 놓을 수 있는 방법은 모두 몇 가지인지 구하시오.

(앞)								(뒤)

조건

- [직육면체] 모양의 수와 [구] 모양의 수는 같습니다.
- [원기둥] 모양의 수는 [직육면체] 모양의 수보다 1만큼 더 큰 수입니다.
- 앞에서 첫째와 뒤에서 첫째는 [원기둥] 모양입니다.
- 같은 모양끼리는 서로 붙어 있는 칸에 놓지 않습니다.

( )가지

교과서 기본 과정

01 다음은 어떤 수를 두 수로 가른 것입니다. 어떤 수를 두 수로 가른 것입니까?

4, 2　　5, 1　　3, 3

( )

02 주어진 **7**개의 수 중에서 유승이는 가장 큰 수를 뽑았고, 한솔이는 가장 작은 수를 뽑았습니다. 유승이와 한솔이가 뽑은 두 수를 모으면 얼마입니까?

2, 5, 4, 8, 3, 6, 1

( )

03 □ 안에 들어갈 수 중 가장 큰 수는 얼마입니까?

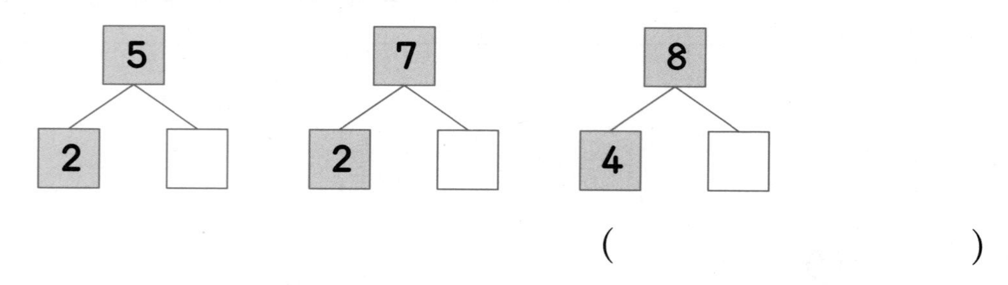

( )

04 연못에서 오리 **3**마리가 헤엄을 치고 있었는데 오리 **4**마리가 연못으로 더 들어 왔습니다. 연못에 있는 오리는 모두 몇 마리입니까?

( )마리

05 신영이는 딸기 **8**개 중에서 **5**개를 먹었습니다. 신영이에게 남은 딸기는 몇 개입니까?

( )개

06 ㉠에 알맞은 수를 구하시오.

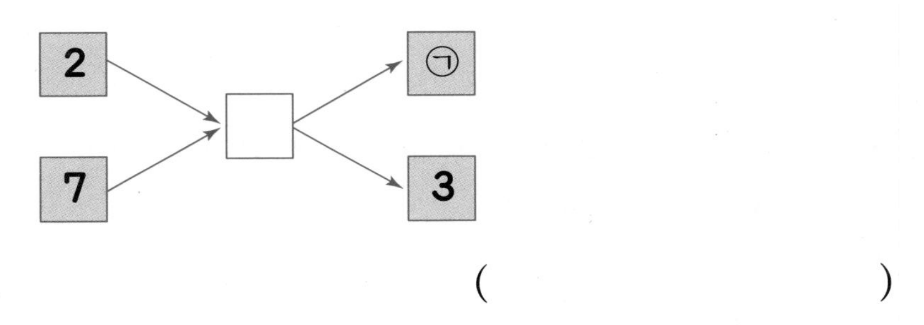

( )

07 계산 결과가 가장 큰 것은 어느 것입니까? ( )

① **0+7** ② **9−3** ③ **4+4**
④ **8−2** ⑤ **3+4**

08 다음 식에서 규칙을 찾아 ㉠과 ㉡에 알맞은 수를 찾을 때 ㉠과 ㉡을 더하면 얼마입니까?

$8-1=7$, $8-2=6$, $8-3=5$, $8-$㉠$=$㉡

(　　　　　　　　　　)

09 다음 중 두 수의 차가 2인 뺄셈식은 모두 몇 개입니까?

㉠ $6-3=\square$　㉡ $7-5=\square$　㉢ $3-1=\square$
㉣ $5-4=\square$　㉤ $8-2=\square$　㉥ $9-7=\square$

(　　　　　　　　　　)개

10 오른쪽 그림에서 ㉠, ㉡ 안에 알맞은 수는 어느 것입니까? (　　　　)

	㉠	㉡		㉠	㉡
①	3	1	②	4	9
③	6	4	④	7	5
⑤	9	4			

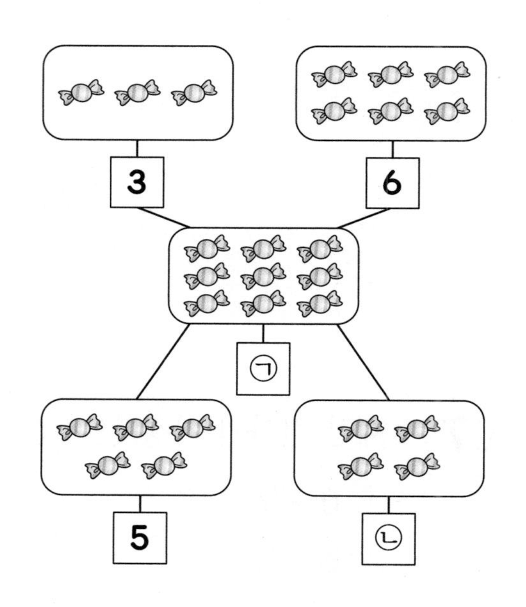

교과서 응용 과정

11 ㉠과 ㉡에 알맞은 수를 찾을 때 ㉠과 ㉡의 합은 얼마입니까?

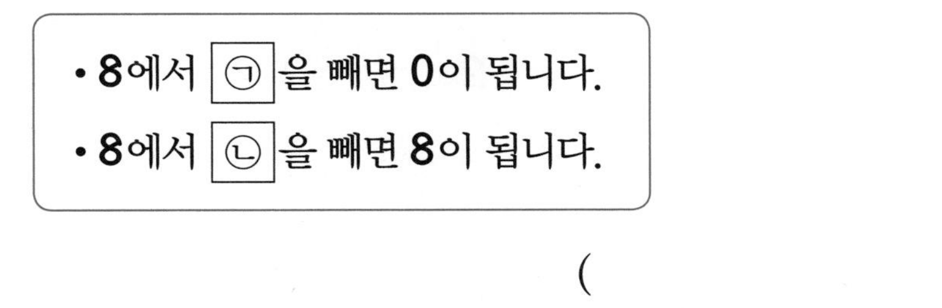

( )

12 □ 안에 +와 − 중 알맞은 것을 넣으려고 합니다. −를 넣어야 할 식은 몇 개입니까?

㉠ 7□2=9　㉡ 8□3=5　㉢ 1□4=5
㉣ 4□3=7　㉤ 6□4=2　㉥ 5□2=7

( )개

13 모으기와 가르기를 하여 ㉠에 알맞은 수를 구하시오.

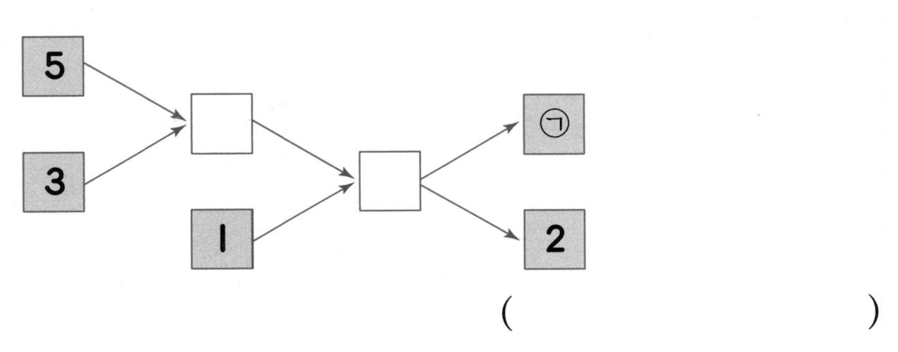

( )

14 다음에서 ㉠과 ㉡에 알맞은 수를 찾을 때 ㉠과 ㉡의 차는 얼마입니까?

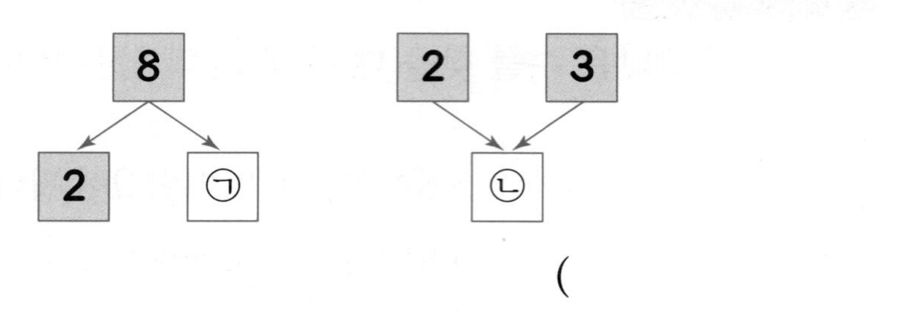

( )

15 다음과 같은 규칙으로 수를 늘어놓을 때 ㉠에 알맞은 수는 얼마입니까?

1, 2, 3, 2, 3, 4, 3, 4, 5, □, □, ㉠

( )

16 같은 모양은 같은 수를 나타냅니다. ♥와 ♣의 합은 얼마입니까?

♥$+3=8$, ♥$-$♣$=2$

( )

17 숫자 카드가 **5**장 있습니다. 이 중에서 **2**장을 뽑아 차가 가장 큰 뺄셈식을 만들 때 ㉠에 알맞은 수는 얼마입니까?

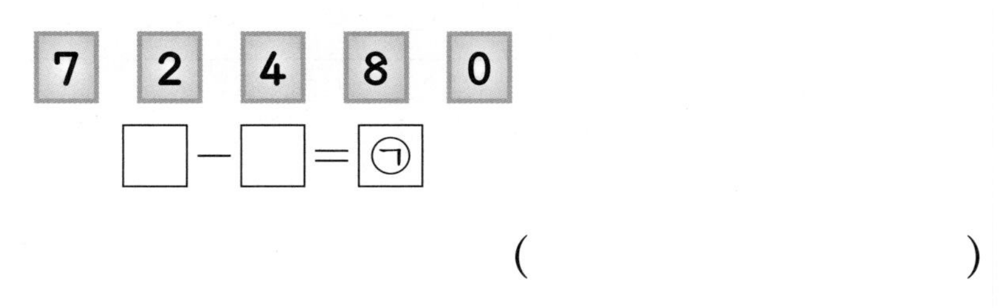

(　　　　　　　　)

18 어떤 수에서 **2**를 빼어야 할 것을 잘못하여 더했더니 **9**가 되었습니다. 바르게 계산하면 얼마입니까?

(　　　　　　　　)

19 같은 모양은 같은 수를 나타냅니다. ♣가 나타내는 수는 얼마입니까?

♥＋♣＝**9**, ♥－♣＝**3**

(　　　　　　　　)

20 ○가 2일 때 ◆는 얼마입니까? (단, 같은 모양은 같은 수를 나타냅니다.)

○+○=△ △+○=□ □+○=◆

( )

교과서 심화 과정

21 왼쪽의 수를 화살표 방향으로 가르기와 모으기를 한 것입니다. ㉠, ㉡, ㉢에 알맞은 수를 모으면 얼마입니까?

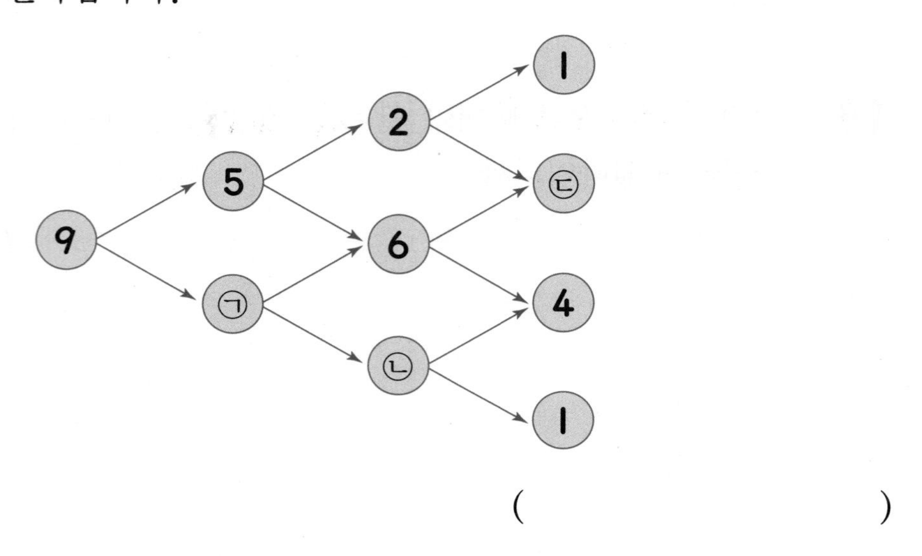

( )

22 코끼리 열차에 어린이가 9명 타고 있었습니다. 첫째 정류장에서 3명이 내리고 2명이 탔습니다. 둘째 정류장에서도 3명이 내리고 2명이 탔습니다. 같은 방법으로 정류장마다 3명이 내리고 2명이 탄다면 □째 정류장에서 코끼리 열차에 3명이 있게 됩니다. □ 안에 알맞은 수는 얼마입니까?

( )

23 세 수 ㉠, ㉡, ㉢을 모아서 **9**를 만들려고 합니다. 다음의 수 중에서 ㉠, ㉡, ㉢을 고른다면 고를 수 없는 수는 무엇입니까?

0, 1, 3, 4, 5, 7, 8

( )

24 옆으로 또는 위, 아래로 이웃한 두 수끼리 묶어 **9**가 되도록 할 때 묶을 수 있는 묶음 수는 모두 몇 개입니까?

2	8	3	6
7	1	5	2
3	6	4	5
7	2	3	4

( )개

25 농장에 닭, 돼지, 소가 있습니다. 닭과 돼지를 모으면 **7**마리이고, 돼지와 소를 모으면 **6**마리입니다. 닭, 돼지, 소가 모두 **9**마리일 때 닭과 소를 모으면 몇 마리입니까?

( )마리

교과서 기본 과정

01 더 높은 것은 어느 것입니까? (　　　　　)

02 유승이는 가지고 있는 물건 **3**개를 늘어놓았습니다. 어느 것의 길이가 가장 깁니까? (　　　　　)

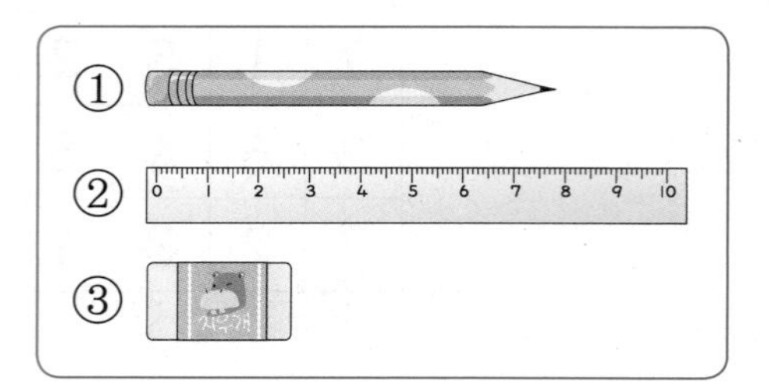

03 책보다 무거운 물건은 몇 개인지 구하시오.

(　　　　　　　　　　)개

04 다음의 물건 중에서 가장 가벼운 것은 어느 것입니까? (　　　　　)

② 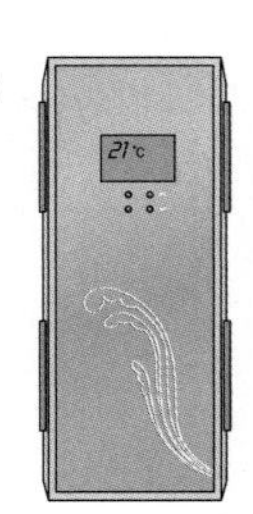

③ 

05 크기가 같은 색종이로 만든 모양입니다. 더 넓은 것은 어느 것입니까?

(　　　　　)

① 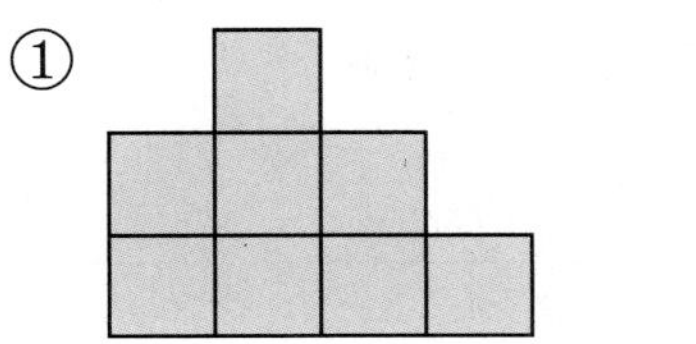

② 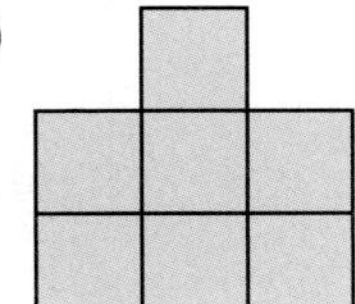

06 가장 넓은 것은 어느 것입니까? (　　　　　)

 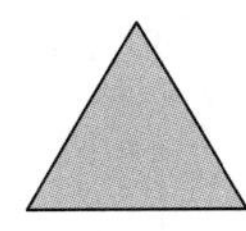

② 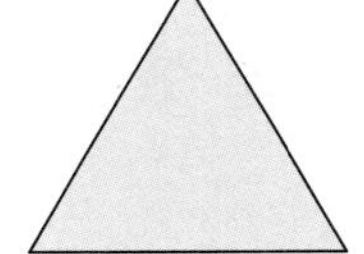

③ 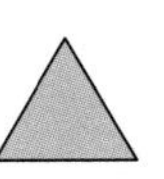

07 서로 다른 두 컵이 있습니다. 어느 컵에 물이 더 많이 들어갑니까?

(　　　　　)

① 

② 

08 주스가 가장 적게 들어 있는 것은 어느 것입니까? (　　　　)

①  ②  ③ 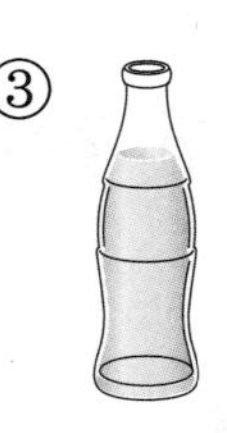

09 다음은 필통 속에 있는 자, 연필, 볼펜, 칼, 크레파스, 지우개를 꺼내어 놓은 것입니다. 연필보다 더 긴 것은 모두 몇 개입니까?

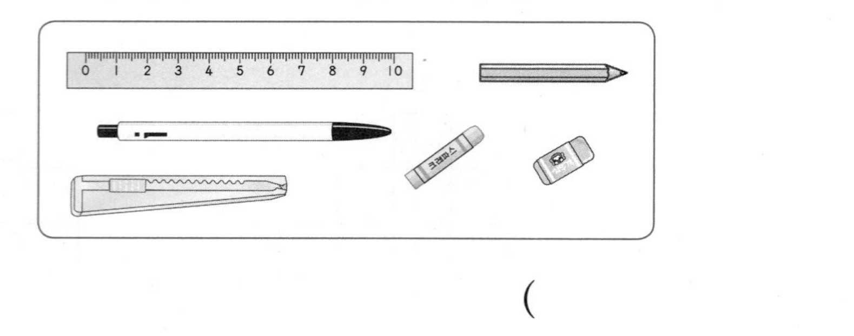

(　　　　　　　　)개

10 가영, 유승, 한솔이가 멀리뛰기를 했습니다. 가장 멀리 뛴 사람은 누구입니까? (　　　　)

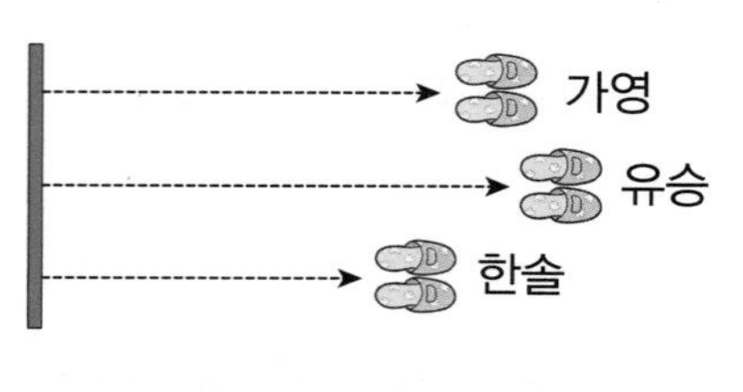

① 가영　　② 유승　　③ 한솔

교과서 응용 과정

11 키가 가장 큰 사람은 누구입니까? (   )

12 상연이는 유승이보다 더 가볍고, 근희는 유승이보다 더 무겁습니다. 가장 무거운 순서대로 바르게 나타낸 것은 어느 것입니까? (   )

① 상연, 유승, 근희　　② 상연, 근희, 유승　　③ 유승, 상연, 근희
④ 근희, 상연, 유승　　⑤ 근희, 유승, 상연

13 길이가 가장 짧은 것은 어느 것입니까? (   )

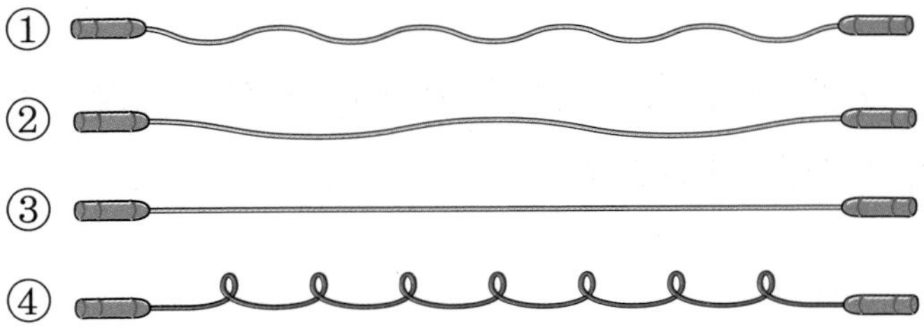

① 

② 

③ 

④

14 같은 길이의 고무줄에 물건을 매달았더니 그림과 같이 고무줄이 늘어났습니다. 가장 무거운 것은 어느 것입니까? (　　　　)

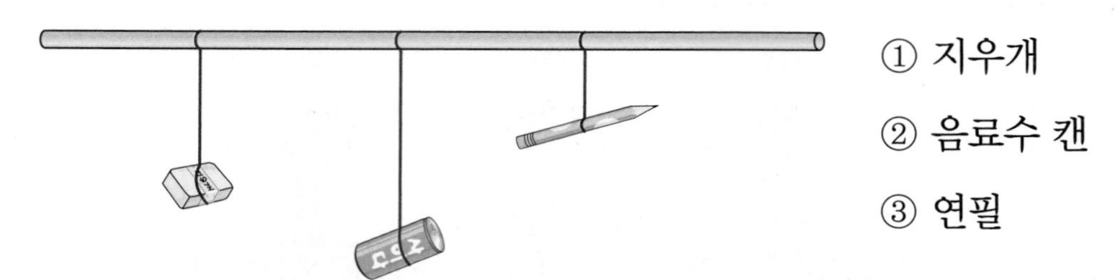

① 지우개
② 음료수 캔
③ 연필

15 그림을 보고 이야기한 것 중 잘못된 것은 어느 것입니까? (　　　　)

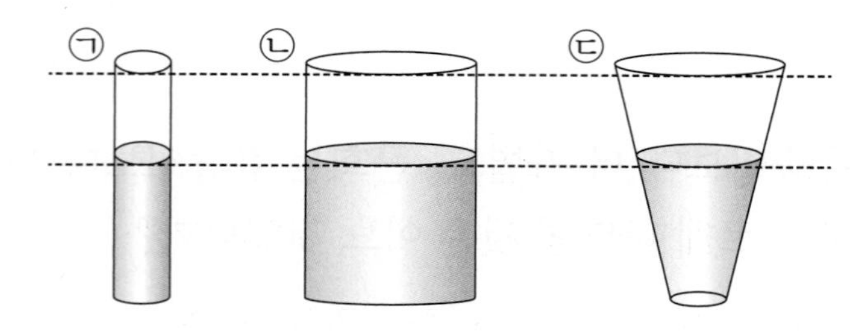

① 세 컵에 담긴 물의 양은 모두 다릅니다.
② ㉠에 담긴 물의 양이 가장 적습니다.
③ 앞으로 담을 수 있는 물의 양이 가장 많은 것은 ㉡입니다.
④ 담긴 물의 양이 가장 많은 것은 ㉢입니다.
⑤ ㉢에 담긴 물을 비어 있는 ㉠컵에 옮기면 지금보다 물이 더 위로 올라올 것입니다.

16 신영, 유승, 한초가 똑같은 컵에 가득 들어 있던 주스를 마시고 남은 것입니다. 주스를 가장 많이 마신 사람은 누구입니까? (　　　　)

17 ㉠, ㉡, ㉢의 넓이를 나타낸 것입니다. 작은 한 칸의 넓이가 모두 같을 때 가장 넓은 것부터 차례로 쓴 것은 어느 것입니까? (   )

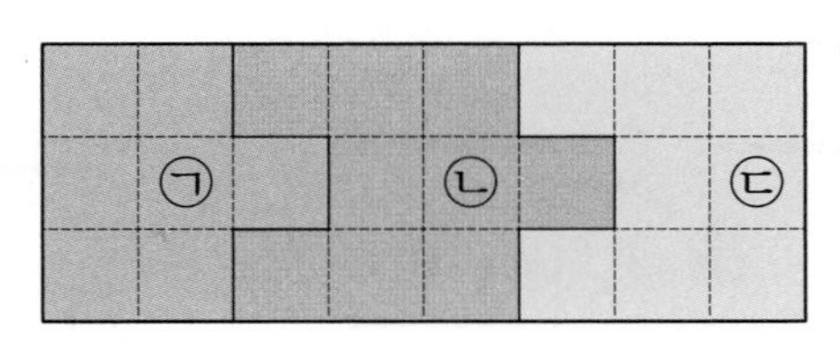

① ㉠, ㉡, ㉢ ② ㉠, ㉢, ㉡ ③ ㉡, ㉠, ㉢
④ ㉡, ㉢, ㉠ ⑤ ㉢, ㉡, ㉠

18 모눈종이에서 선의 길이가 가장 긴 것은 어느 것입니까? (   )

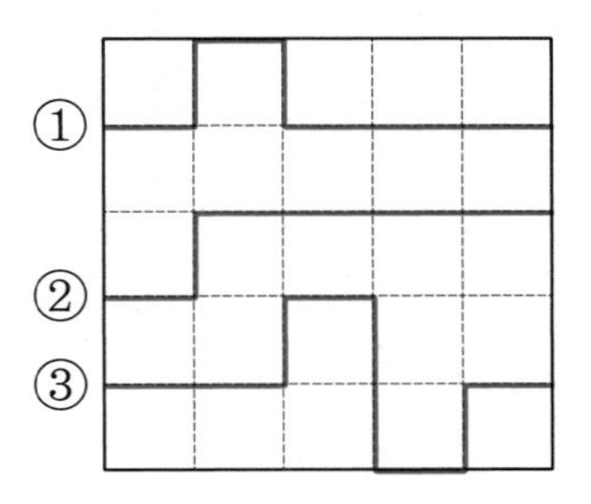

19 가영, 유승, 한솔이는 무게가 똑같은 찰흙 덩어리를 가지고 있습니다. 찰흙을 모두 사용하여 가영이는 똑같은 구슬 **8**개, 유승이는 똑같은 구슬 **5**개, 한솔이는 똑같은 구슬 **9**개를 만들었습니다. 구슬 한 개의 무게를 비교할 때 누가 만든 구슬이 가장 무겁겠습니까? (   )

① 가영 ② 유승 ③ 한솔

20 막대의 양쪽 줄에 매달린 수의 크기가 같아야 보기 처럼 기울어지지 않습니다. ㉢에 들어갈 수는 얼마입니까? (단, 줄과 막대의 무게는 생각하지 않습니다.)

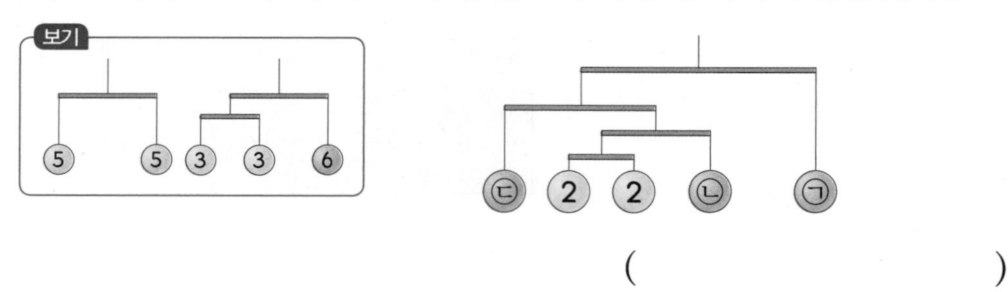

( )

교과서 심화 과정

21 상연이와 예슬이는 가위바위보를 하여 이기는 사람만 계단을 한 칸씩 올라가는 게임을 하였습니다. 두 사람은 같은 곳에서 출발하였고 가위바위보 결과가 다음과 같았다면, 더 높이 올라간 사람은 누구입니까? ( )

상연	가위	보	가위	보	보	바위	가위	바위
예슬	보	바위	바위	가위	바위	보	보	가위

① 상연 ② 예슬

22 각각의 무게가 같은 쇠구슬을 이용하여 과일의 무게를 알아보려고 합니다. 귤과 키위의 무게의 합은 쇠구슬 **7**개의 무게와 같고, 키위와 사과의 무게의 합은 쇠구슬 **8**개의 무게와 같습니다. 키위가 쇠구슬 **3**개의 무게와 같다면, 귤과 사과의 무게의 합은 쇠구슬 몇 개의 무게와 같습니까?

( )개

23 오른쪽 그림과 같은 길이 있습니다. ㉠에서 ㉡까지 길을 따라 갈 때, 가장 짧은 길로 가는 방법은 모두 몇 가지입니까?

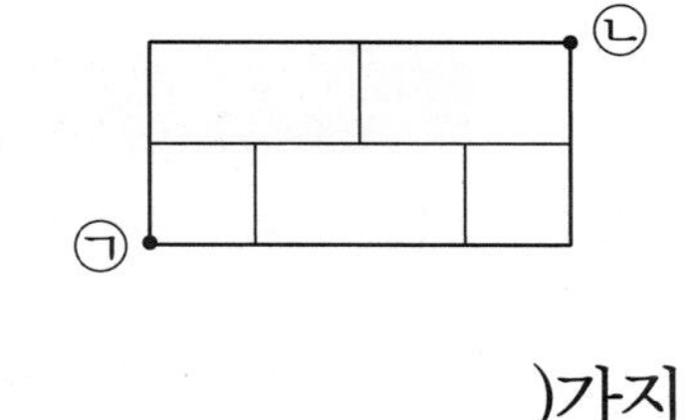

( )가지

24 배 한 개의 무게는 귤 몇 개의 무게와 같습니까?

- 배 **2**개의 무게는 사과 **3**개의 무게와 같습니다.
- 귤 **4**개의 무게는 사과 **2**개의 무게와 같습니다.

( )개

25 키가 가장 작은 사람부터 차례로 이름을 쓴 것은 어느 것입니까? ( )

- 유승이는 지혜보다 크고 예슬이보다 작습니다.
- 영수는 유승이보다 크고 한솔이보다 작습니다.
- 한솔이는 예슬이보다 큽니다.
- 예슬이는 영수보다 작습니다.

① 지혜, 유승, 영수, 예슬, 한솔 ② 유승, 지혜, 예슬, 한솔, 영수
③ 지혜, 유승, 예슬, 영수, 한솔 ④ 지혜, 유승, 영수, 한솔, 예슬
⑤ 지혜, 유승, 한솔, 예슬, 영수

KMA 실전 모의고사 1회

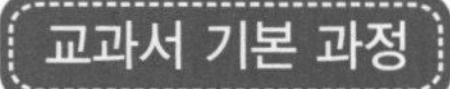

01 다음 수를 바르게 읽은 것은 어느 것입니까? (　　　　)

5

① 하나　　② 둘　　③ 셋
④ 넷　　⑤ 다섯

02 왼쪽의 수만큼 인형에 색칠을 하였을 때, 색칠하지 <u>않은</u> 인형은 몇 개입니까?

(　　　　　　)개

03 예슬이의 일기를 읽고 예슬이가 먹은 만두는 몇 개인지 구하시오.

5월　5일　　날씨 : ☼

제목 : 만두를 먹음
어머니께서 시장에서 만두를 사 오셨다.
만두를 동생은 5개, 오빠는 7개를 먹었다.
나는 동생보다는 많이 먹고 오빠보다는 적게 먹었다.
마음껏 먹지 못해 조금 아쉬웠다.

(　　　　　　)개

04 모양은 모두 몇 개입니까?

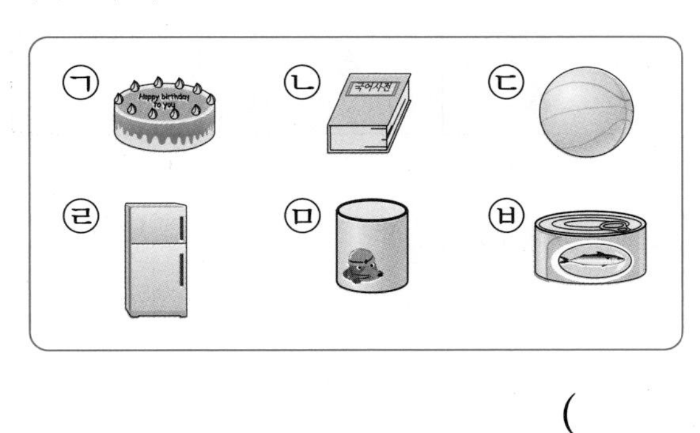

( )개

05 오른쪽 그림은 어떤 모양의 일부분을 나타낸 것입니다. 어떤 모양의 일부분입니까? (　　　　)

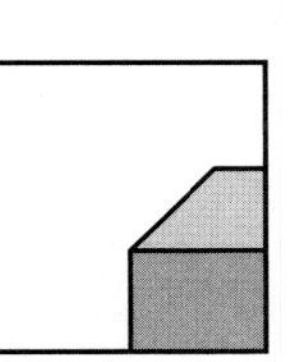

① ② ③

06 오른쪽 모양을 만드는 데 가장 많이 사용한 모양은 어느 것입니까? (　　　　)

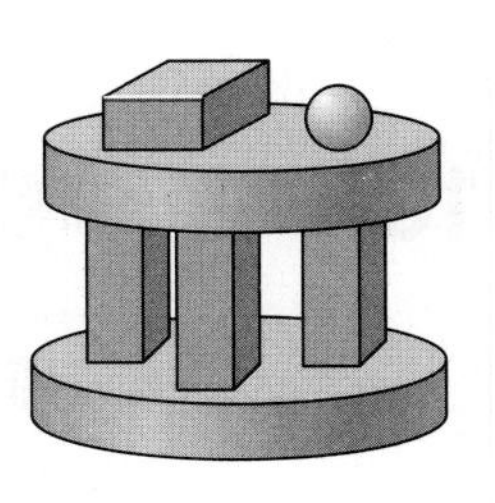

① 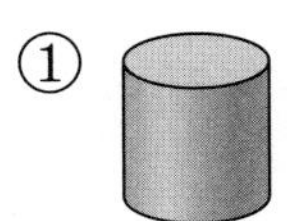 ② 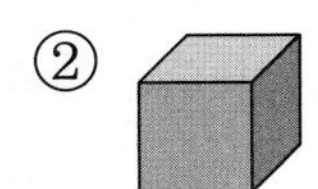 ③ 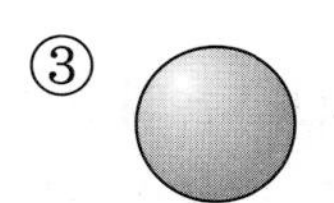

07 위와 아래의 두 수를 모아서 6이 되게 하려고 합니다. 빈칸에 알맞은 수는 얼마입니까?

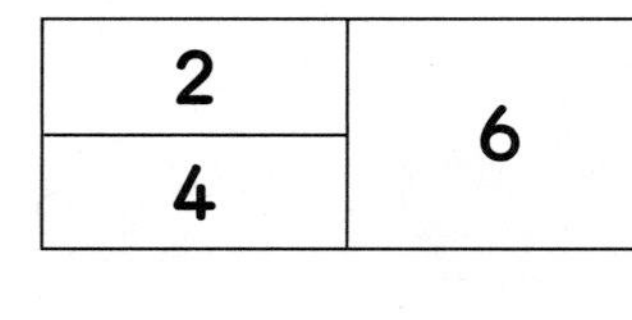

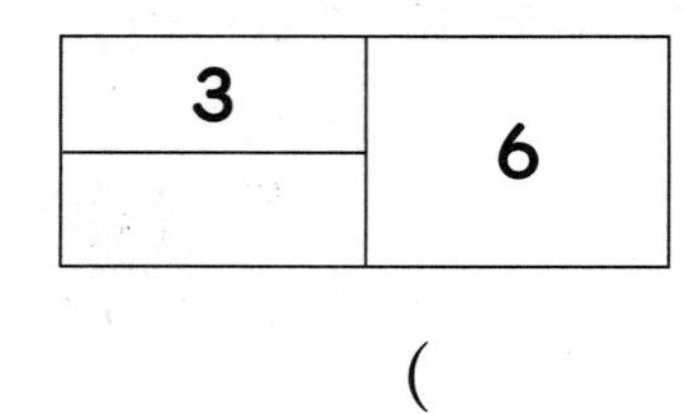

(　　　　　　　　)

08 □ 안에 알맞은 수는 얼마입니까?

$3+5=\square$

(　　　　　　　　)

09 9명의 학생들이 달리기를 하였습니다. 성근이는 3등으로 들어왔습니다. 성근이보다 늦게 들어온 학생은 몇 명입니까?

(　　　　　　　　)명

10 다음 대화에서 가장 무거운 사람은 누구입니까? (　　　　)

- 예슬 : 난 신영이보다 더 가벼워.
- 신영 : 난 석기보다 더 무거운 걸.
- 석기 : 난 예슬이보다 더 무거워.

① 예슬
② 신영
③ 석기

교과서 응용 과정

11 친구들이 가지고 있는 물건 중 가장 넓은 것은 어느 것입니까? (　　　　)

미현 : 가지고 있는 물건 중에서 가장 넓은 것은 수학책이지?
현우 : 아니, 스케치북의 넓이가 더 넓어.
우주 : 그럼 이 손수건은? 스케치북보다 넓어?
주형 : 아니, 손수건의 넓이는 더 좁아. 수학책보다도 좁은 걸.

① 손수건　② 스케치북　③ 수학책
④ 알 수 없습니다.　⑤ 넓이가 모두 같습니다.

12 ▲에 알맞은 수는 무엇입니까?

- ■보다 1 작은 수는 6입니다.
- ▲보다 1 작은 수는 ■입니다.

(　　　　　　　　)

13 학생들이 버스를 타려고 한 줄로 서 있습니다. 유승이는 앞에서 다섯째, 뒤에서 넷째에 서 있습니다. 줄을 선 학생은 모두 몇 명입니까?

(　　　　　　　　)명

14 예슬이는 구슬을 **3**개 가지고 있었습니다. 가영이가 가지고 있던 구슬 중에서 **2**개를 예슬이에게 주었더니 예슬이와 가영이가 가진 구슬의 수가 같아졌습니다. 처음에 가영이가 가지고 있던 구슬은 몇 개입니까?

( )개

15 ▢, ▢, ○ 모양을 사용하여 오른쪽과 같은 모양을 만들었습니다. 가장 많이 사용한 모양은 가장 적게 사용한 모양보다 몇 개 더 많이 사용하였습니까?

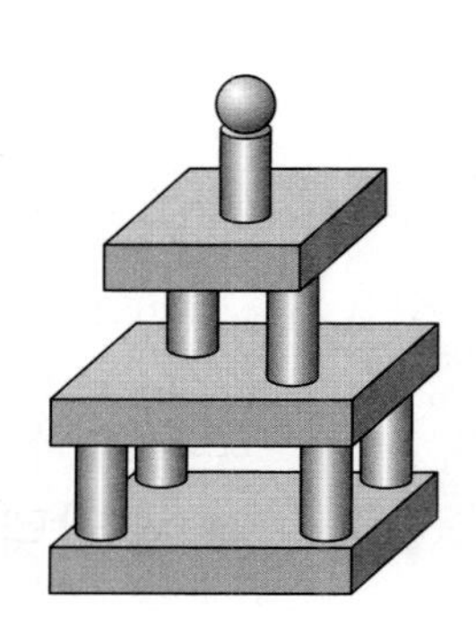

( )개

16 ▢, ▢, ○ 모양을 사용하여 오른쪽과 같은 모양을 만들었습니다. 만나는 모양끼리 서로 다른 색을 칠하려고 합니다. 색을 가장 적게 사용하여 모두 색칠한다면 몇 가지의 색이 필요합니까?

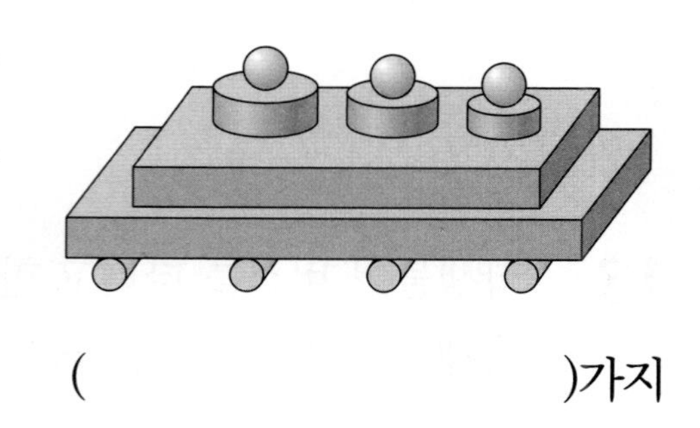

( )가지

17 미희는 공깃돌 **5**개를 두 손에 나누어 가졌습니다. 오른손에는 공깃돌이 몇 개 있습니까?

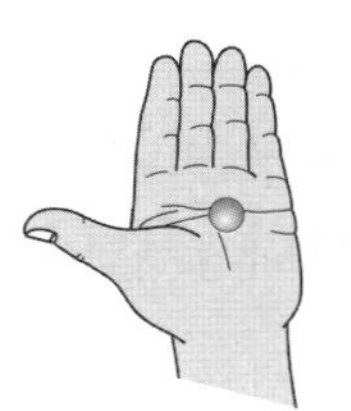 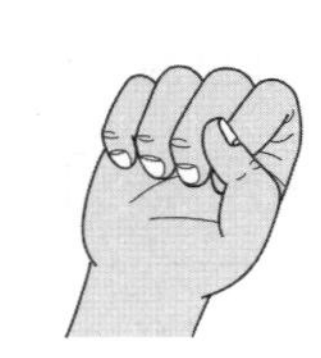

( )개

18 **4**장의 숫자 카드 [3], [1], [2], [6] 중에서 **2**장을 뽑아 카드에 적혀 있는 두 수를 모았습니다. 모은 수가 될 수 <u>없는</u> 것은 어느 것입니까? ( )

① **3** ② **4** ③ **5**
④ **6** ⑤ **7**

19 주어진 **5**장의 숫자 카드 중에서 **2**장씩 모아 **7**이 되도록 짝을 지었을 때, 짝을 짓고 남은 카드에 적혀 있는 숫자는 무엇입니까?

3    

( )

20 ㉮, ㉯, ㉰, ㉱ 나무 4그루의 높이를 비교해 보았습니다. 높이가 세 번째로 낮은 나무는 어느 것입니까? (　　　　)

- ㉮ 나무는 ㉯ 나무보다 낮고, ㉰ 나무보다 높습니다.
- ㉱ 나무는 ㉰ 나무보다 낮습니다.

① ㉮ 나무　　② ㉯ 나무　　③ ㉰ 나무　　④ ㉱ 나무

교과서 심화 과정

21 상연이와 예슬이는 딸기 9개와 귤 7개를 나누어 가지려고 합니다. 딸기는 상연이가 더 많이 가지고, 귤은 예슬이가 더 많이 가지려고 합니다. 예슬이가 가진 딸기와 귤의 개수가 같을 때 상연이가 가진 딸기는 몇 개입니까?

(　　　　　　　　)개

22 ㉢에 알맞은 수는 얼마입니까?

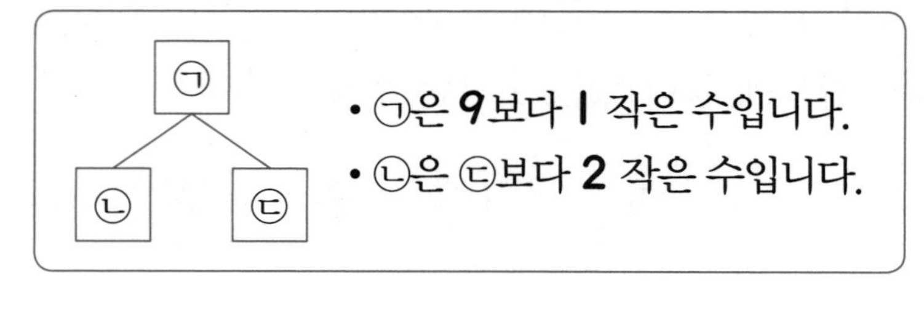

(　　　　　　　　)

23 ▢, ▢, ◯ 모양이 여러 개 있습니다. 세 가지 모양을 ▢ 모양, ◯ 모양, ▢ 모양 순서대로 번갈아 가며 놓고, 빨간색과 노란색을 번갈아 가며 칠하려고 합니다. 아홉째는 어떤 모양이고, 무슨 색입니까? (　　　　)

① , 빨간색　　② , 노란색　　③ , 빨간색

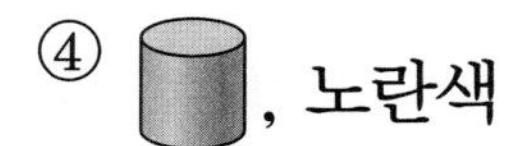

④ , 노란색　　⑤ , 노란색

24 오른쪽 그림과 같은 길이 있습니다. ㉠에서 ㉡까지 길을 따라 갈 때, 가장 짧은 길로 가는 방법은 모두 몇 가지입니까?

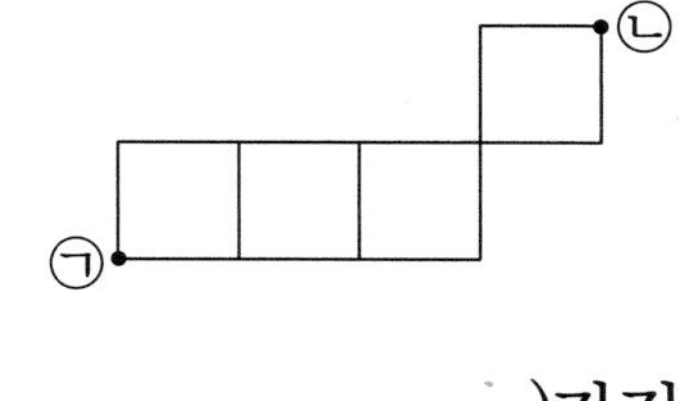

(　　　　　　　　)가지

25 조건 에 맞게 빈칸에 1부터 7까지의 수를 써넣으려고 합니다. 써넣을 수 있는 방법은 모두 몇 가지입니까?

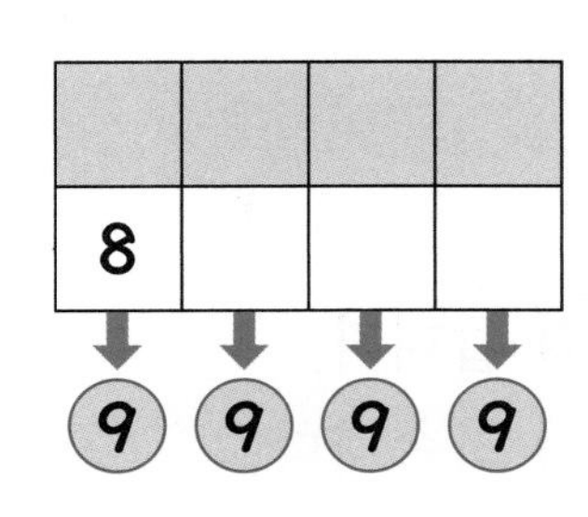

조건
- ◯ 안의 수는 그 줄의 위, 아래에 놓인 두 수의 합입니다.
- 색칠한 부분에서 서로 붙어 있는 칸에는 두 수의 차가 2보다 커야 합니다.

(　　　　　　　　)가지

교과서 기본 과정

01 다음 중에서 같은 수를 짝지은 것은 어느 것입니까? (　　　　)

① 하나 — 삼　② 다섯 — 육　③ 칠 — 일곱
④ 구 — 여덟　⑤ 사 — 아홉

02 5명의 어린이들이 서 있습니다. 앞에서부터 넷째 번에 서 있는 어린이는 누구입니까? (　　　　)

① 명호　② 진수　③ 영희
④ 영기　⑤ 기수

03 두 수의 크기를 바르게 비교한 것은 어느 것입니까? (　　　　)

① 4는 5보다 큽니다.　② 2는 6보다 큽니다.
③ 8은 7보다 작습니다.　④ 5는 6보다 작습니다.
⑤ 1은 0보다 작습니다.

04 주어진 모양을 만드는 데 가장 많이 사용된 모양은 어느 것입니까? (　　　　　)

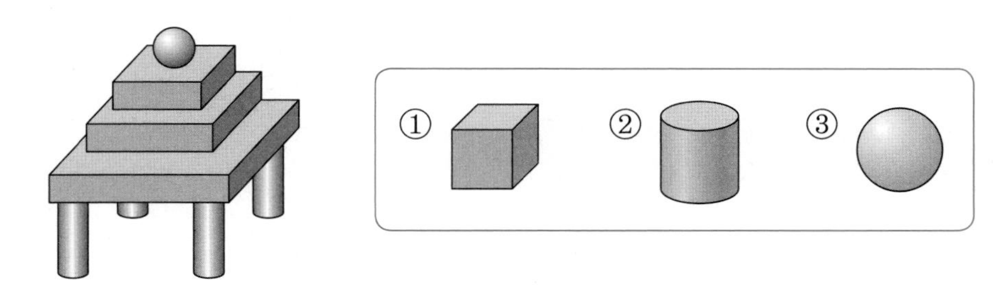

05 영수는 돋보기로 어떤 모양의 일부분을 보았습니다. 이 모양과 관계있는 것은 모두 몇 개입니까?

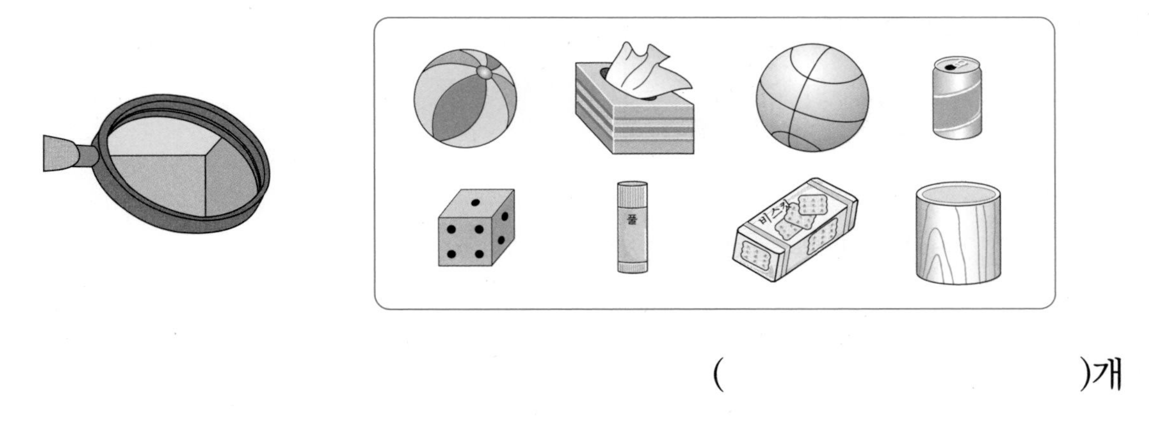

(　　　　　　　　　)개

06 다음은 어떤 도형에 대한 설명입니까? (　　　　　)

위에서 보면 동그랗고 옆에서 보면 네모난 모양입니다.

① 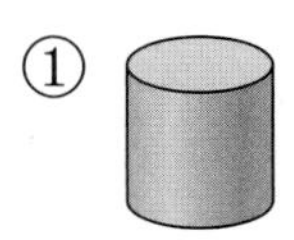　② 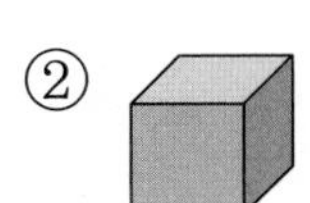　③ 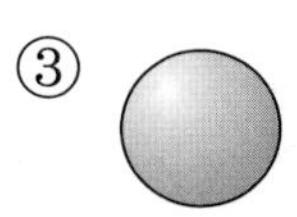

07 □ 안에 알맞은 수를 구하시오.

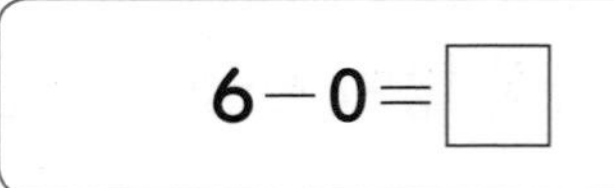

$6-0=\square$

( )

08 그림을 보고 알맞은 덧셈식을 고르시오. ( )

① $1+3=4$ ② $1+1=2$ ③ $2+3=5$
④ $5+2=7$ ⑤ $5+3=8$

09 □ 안에 알맞은 수를 구하시오.

$4+3=7 \Rightarrow 7-\square=4$

( )

10 줄넘기의 줄을 비교한 것입니다. 가장 긴 줄넘기는 어느 것입니까? ( )

①

②

③

교과서 응용 과정

11 크기가 같은 색종이를 겹치지 않게 이어 붙여 만든 모양입니다. 가장 넓은 것은 어느 것입니까? (　　　　　)

① 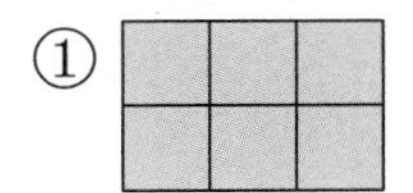　② 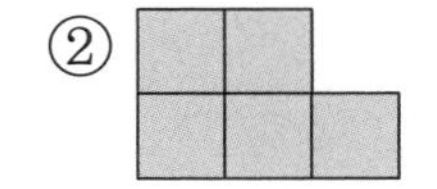　③ 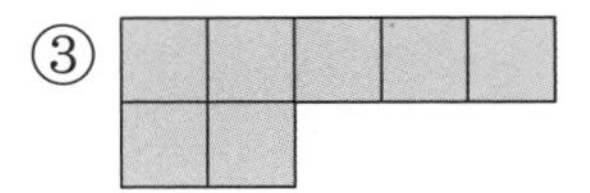

12 어떤 수에 대한 설명입니다. 어떤 수가 될 수 있는 수는 모두 몇 개입니까?

- **1**과 **9** 사이에 있는 수입니다.
- **5**보다 큰 수입니다.

(　　　　　　　　　)개

13 다음과 같이 규칙에 따라 과일을 늘어놓았습니다. ㉠, ㉡에 들어갈 과일끼리 짝지어진 것은 어느 것입니까? (　　　　　)

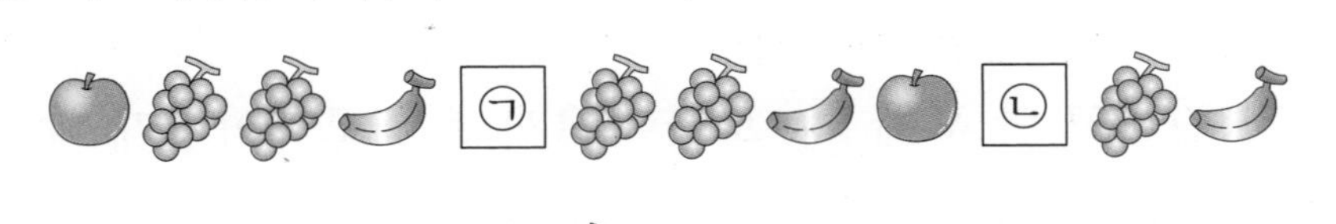

① 　② 　③ 

④ 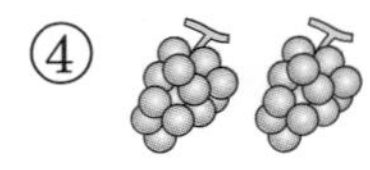　⑤ 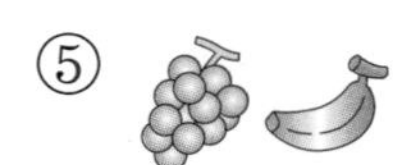

14 다음 수들을 가장 작은 수부터 차례로 늘어놓았을 때, 다섯째에 오는 수는 무엇입니까?

0	3	7	1	9	5	4

( )

15 , , 모양 중에서 가장 무거운 것은 어떤 모양입니까? ( )

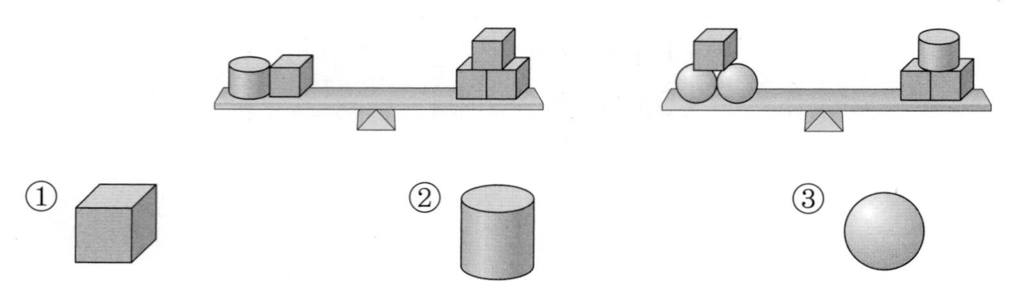

16 , , 모양을 사용하여 오른쪽과 같은 모양을 만들었습니다. 만들고 난 후에 모양이 **3**개, 모양이 **2**개 남았다면, 만들기 전에 모양과 모양은 모두 몇 개 있었습니까?

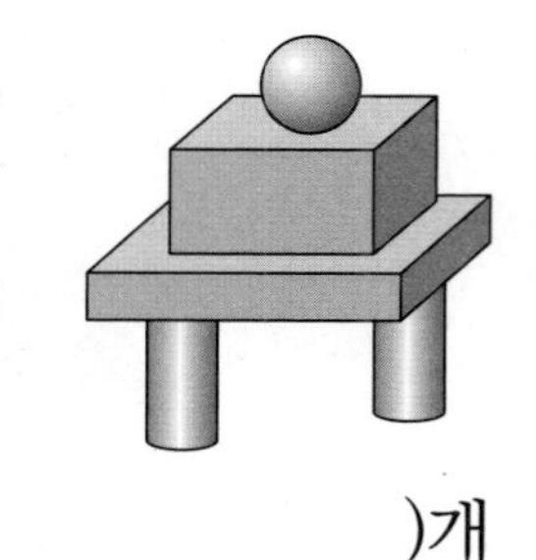

( )개

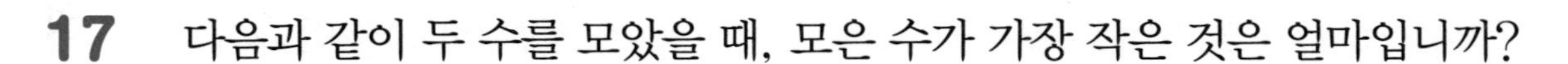

17 다음과 같이 두 수를 모았을 때, 모은 수가 가장 작은 것은 얼마입니까?

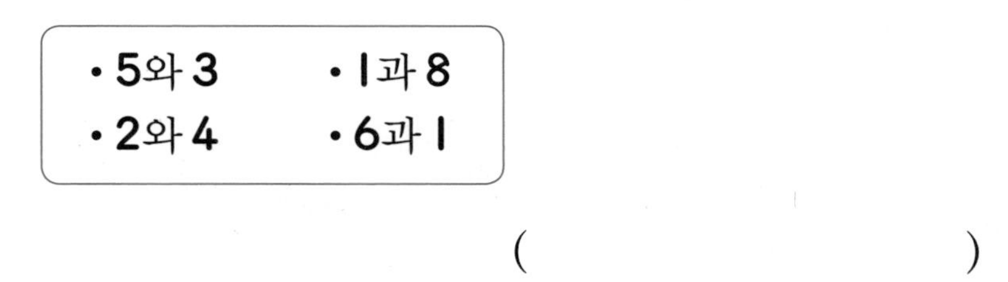

- 5와 3
- 1과 8
- 2와 4
- 6과 1

(　　　　　　　　　)

18 숫자 카드를 가장 작은 수부터 차례로 늘어놓을 때, 둘째 번에 오는 숫자 카드와 넷째 번에 오는 숫자 카드에 적혀 있는 수의 합은 얼마입니까?

8　5　4　0　9　1

(　　　　　　　　　)

19 여섯 명이 다음과 같이 한 줄로 서 있습니다. 유승이 앞에 서 있는 사람은 모두 몇 명입니까?

- 예슬이 앞에는 한 명이 서 있습니다.
- 가영이와 석기 사이에는 한 명이 서 있습니다.
- 상연이는 유승이보다 앞에 있고, 상연이와 유승이 사이에는 2명이 서 있습니다.
- 지혜는 맨 앞에 서 있지 않습니다.

(　　　　　　　　　)명

20 그림을 보고 가장 가벼운 것부터 차례로 이름을 쓴 것은 어느 것입니까?

( )

① 키위, 감, 레몬, 바나나
② 키위, 레몬, 바나나, 감
③ 레몬, 키위, 감, 바나나
④ 레몬, 키위, 바나나, 감
⑤ 키위, 레몬, 감, 바나나

교과서 심화 과정

21 □ 안에 공통으로 들어갈 수 있는 수는 모두 몇 개입니까?

- □는 3과 8 사이의 수입니다.
- □는 4보다 큰 수입니다.

( )개

22 같은 모양은 같은 수를 나타냅니다. ♣에 알맞은 수는 얼마입니까?

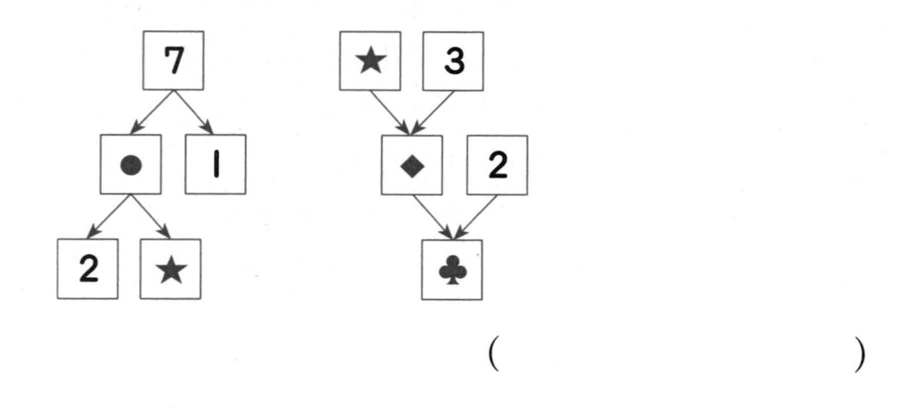

( )

23 다음과 같이 ▣ 모양을 규칙적으로 쌓으려고 합니다. 일곱째는 여섯째보다 ▣ 모양이 몇 개 더 필요합니까? (단, 보이지 않는 ▣ 모양은 없습니다.)

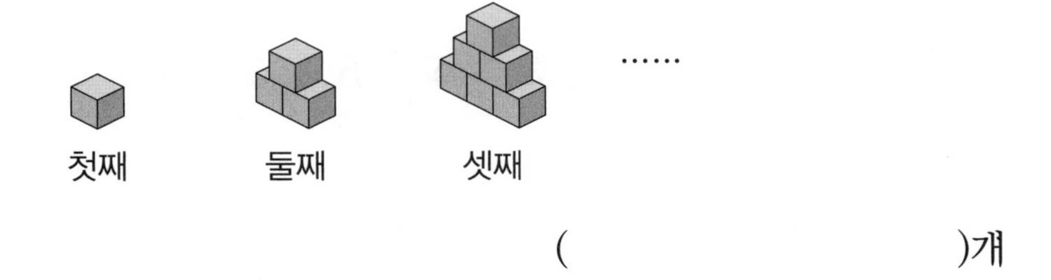

( )개

24 수민이는 가지고 있던 모양과 동생에게 받은 모양을 사용하여 기차를 만들었습니다. 수민이가 동생에게 받은 모양은 ▣ 모양 1개, ▣ 모양 2개, ◯ 모양 3개였고, 기차를 만들고 ▣ 모양 2개, ◯ 모양 1개가 남았습니다. 처음에 수민이가 가지고 있던 모양 중 가장 많은 모양은 몇 개입니까?

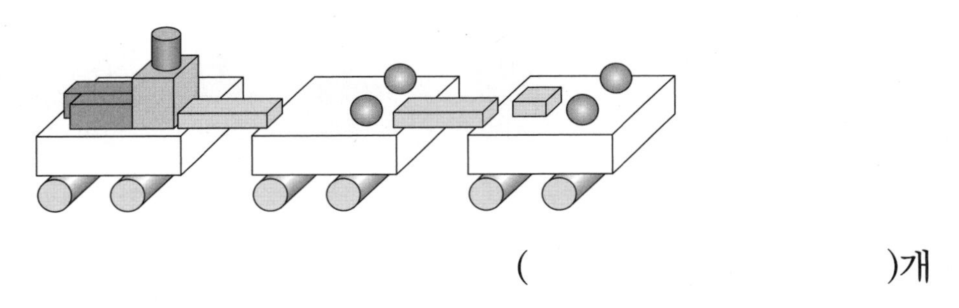

( )개

25 오른쪽 3개의 칸에 보기와 같은 방법으로 모양을 놓으려고 합니다. 놓는 방법은 모두 몇 가지입니까?

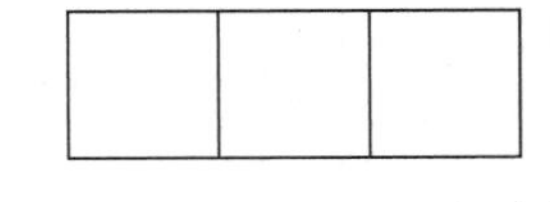

보기
- 한 칸에는 ▣, ▣, ◯ 모양 중 한 가지 모양을 놓습니다.
- 모양을 놓지 않는 칸은 없습니다.
- 이웃한 칸에는 서로 다른 모양을 놓습니다.

( )가지

교과서 기본 과정

01 왼쪽부터 차례대로 색칠할 때 셋째 번에 칠하게 되는 수를 쓰시오.

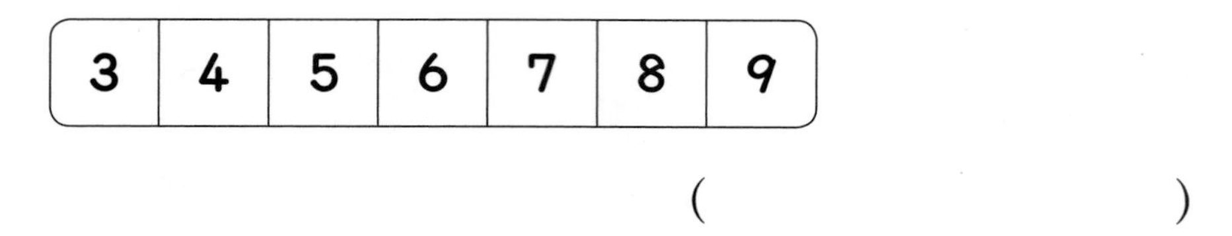

( )

02 두 명씩 카드를 비교하여 카드에 적힌 숫자가 더 큰 사람이 이기는 놀이를 하고 있습니다. 시윤이가 가지고 있는 카드와 친구들이 가지고 있는 카드는 다음과 같습니다. 두 사람이 카드를 한 번씩 모두 비교할 때 시윤이는 몇 번 이길 수 있는지 구하시오.

6		1	9	6	4
시윤		영수	철수	민희	성미

( )번

03 조건 을 보고 ▲에 알맞은 수를 구하시오.

조건
- ■보다 1 작은 수는 5입니다.
- ▲보다 1 작은 수는 ■입니다.

( )

04 어느 방향으로 굴려도 잘 굴러 가지 않는 모양은 모두 몇 개입니까?

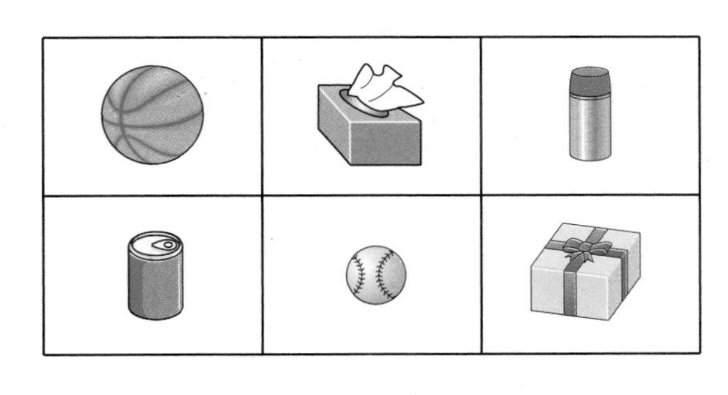

( )개

05 오른쪽 모양을 만드는 데 사용한 [원기둥] 모양은 모두 몇 개입니까?

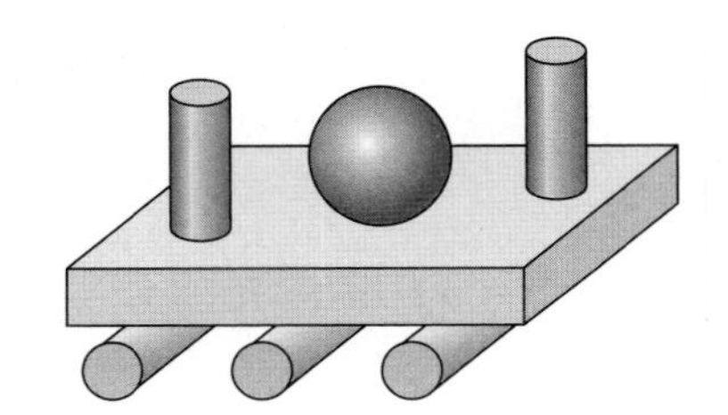

( )개

06 오른쪽 조건에서 설명하는 모양은 〈가〉, 〈나〉에서 모두 몇 개 사용되었는지 구하시오.

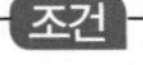

- 평평한 부분이 없어.
- 뾰족한 부분도 없어.

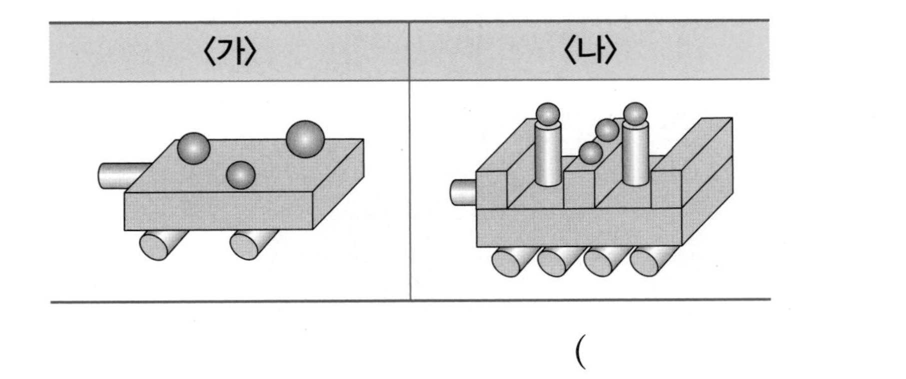

( )개

07 두 수로 가르기 했을 때 바르지 <u>못한</u> 것은 어느 것입니까? (　　　　)

①
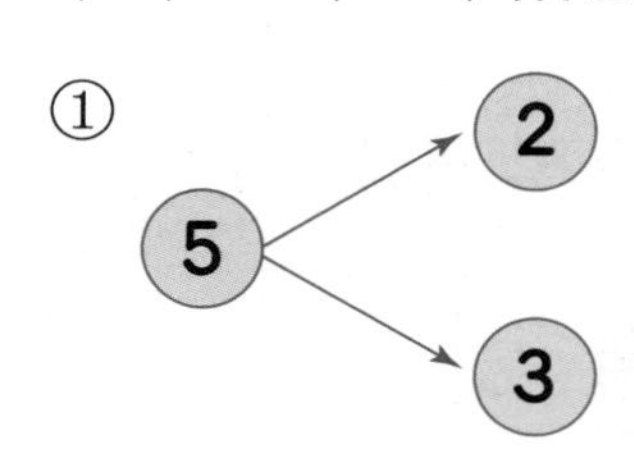

②
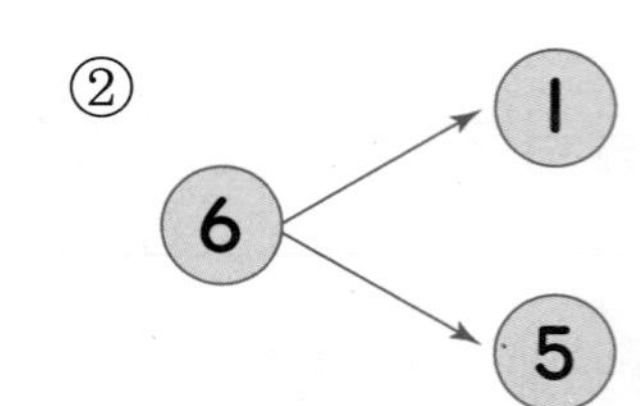

③
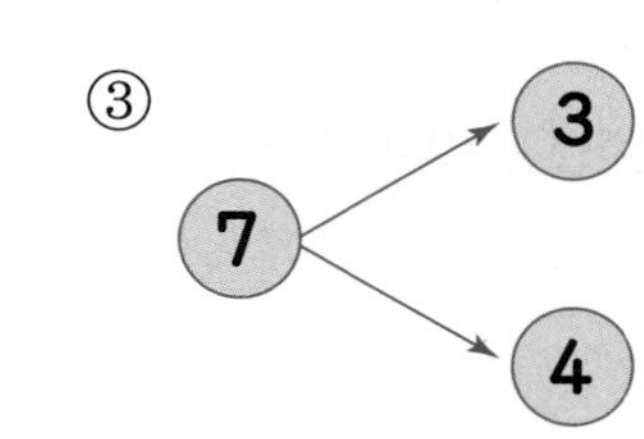

④
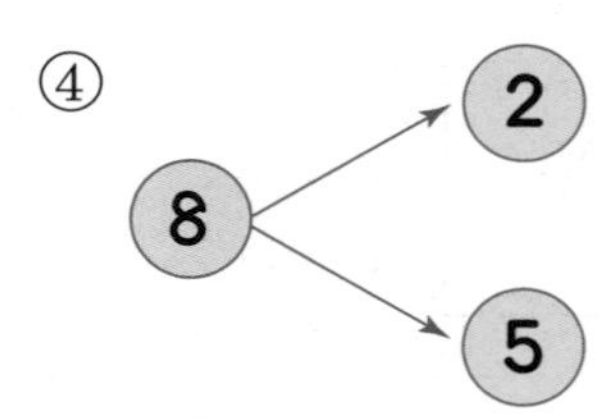

⑤
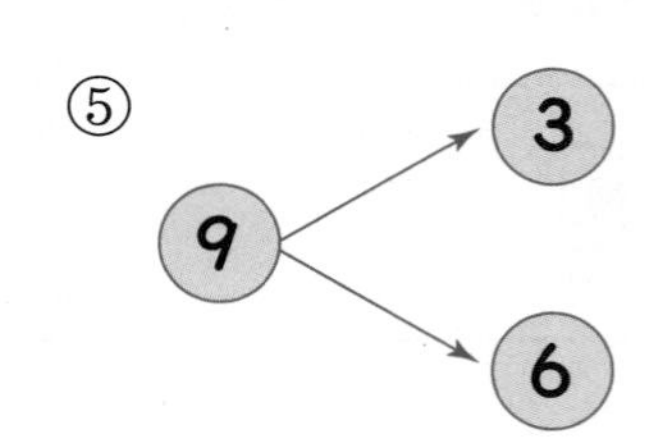

08 버스에 **8**명이 타고 있었습니다. 이번 정류장에서 **3**명이 내렸다면, 버스에 남아 있는 사람은 몇 명입니까?

(　　　　　　　　)명

09 민희는 빨간 색연필 **3**자루와 파란 색연필 **2**자루를 가지고 있고, 시윤이는 파란 색연필 **3**자루와 빨간 색연필 **3**자루를 가지고 있습니다. 색연필을 더 많이 가지고 있는 사람은 몇 자루 더 많이 가지고 있는지 구하시오.

(　　　　　　　　)자루

10 가장 높은 것은 어느 것입니까? (　　　　)

①
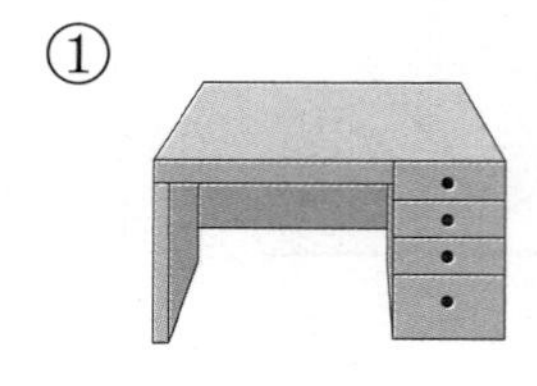

②
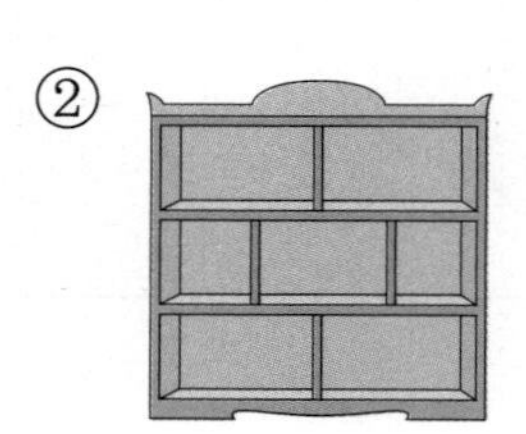

③

교과서 응용 과정

11 다음 중 가장 무거운 물건은 어느 것입니까? (　　　　　)

① 가위　　　② 필통　　　③ 지우개

12 보기와 같은 규칙을 이용하여 ㉠과 ㉡에 알맞은 수를 찾아 ㉠과 ㉡의 합을 구하시오.

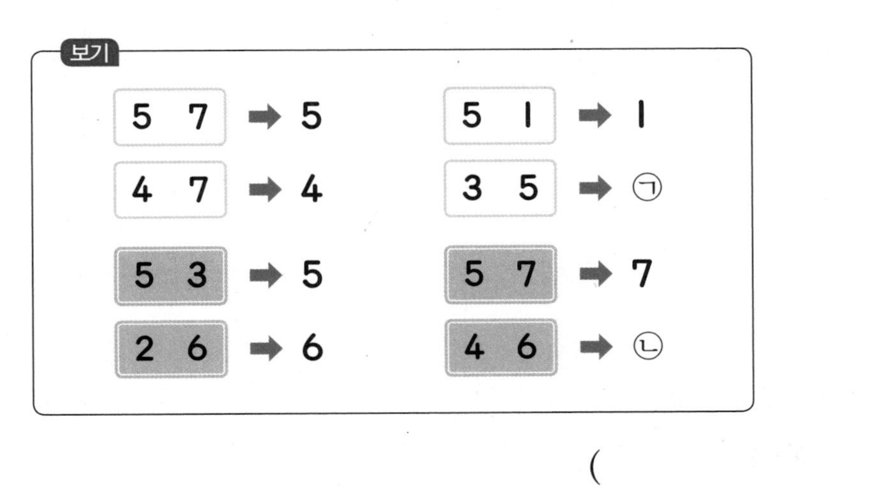

(　　　　　　　　)

13 다음 조건을 모두 만족하는 수는 얼마입니까?

- 6과 9 사이의 수입니다.
- 7보다 큰 수입니다.

(　　　　　　　　)

14 대화를 읽고, 미나와 준서 사이에는 몇 명이 있는지 구하시오.

미나: 준서야, 어디야?
준서: 나 매표소 앞에 서 있어. 모두 9명이 서 있는데 내 뒤에는 1명이 서 있어.
미나: 나도 그 줄에 서 있어. 내 앞에는 3명이 서 있어.

( )명

15 ◯, ▢, ▭ 모양을 사용하여 오른쪽과 같은 모양을 만들었습니다. ▭ 모양은 ◯ 모양보다 몇 개 더 많이 사용하였습니까?

( )개

16 수영이와 유리는 가지고 있는 블록을 모두 사용하여 두 가지 모양을 만들었습니다. 보기 에서 설명한 블록은 모두 몇 개인지 구하시오.

보기
- 이 모양은 평평한 부분이 있습니다.
- 이 모양은 눕혀서 굴리면 잘 굴러갑니다.
- 이 모양은 둥근 부분이 있습니다.

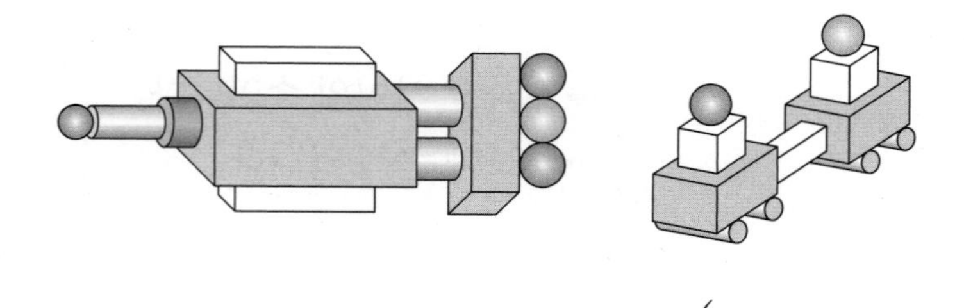

( )개

17 체육시간에 남학생 **2**명과 여학생 몇 명이 원을 만들었습니다. 남학생 **3**명이 더 와서 함께 조금 더 큰 원을 만들었을 때 원을 만든 학생이 모두 **8**명이라면 여학생은 몇 명입니까?

( )명

18 수연이와 성인이가 색종이를 나누어 가졌습니다. 빨간 색종이 **6**장은 수연이가 성인이보다 **2**장 많이 가졌고, 파란 색종이 **7**장은 수연이가 성인이보다 **3**장 적게 가졌다면 수연이가 가진 색종이는 모두 몇 장입니까?

( )장

19 조건 을 보고 빨간 리본 **1**개의 길이는 파란 리본 몇 개의 길이와 같은지 구하시오.

조건
- 빨간 리본 **2**개의 길이는 노란 리본 **4**개의 길이와 같습니다.
- 파란 리본 **4**개의 길이는 노란 리본 **2**개의 길이와 같습니다.

( )개

20 다음 그림은 각각의 무게가 같은 사과, 귤, 감, 배의 무게를 잰 것입니다. 배 1개와 사과 1개의 무게는 귤 몇 개의 무게와 같습니까?

(　　　　　　　　)개

교과서 심화 과정

21 주어진 수를 가장 작은 수부터 차례대로 늘어놓았을 때, 둘째와 여섯째 사이에 놓이는 수 중에서 가장 큰 수는 가장 작은 수보다 얼마나 더 큽니까?

0, 8, 1, 4, 6, 3, 9

(　　　　　　　　)

22 영미와 철호는 구슬을 가지고 있습니다. 영미가 철호에게 구슬 **2**개를 주면, 두 사람이 가지고 있는 구슬의 수가 같아집니다. 처음에 두 사람이 각자 가지고 있던 구슬에서 철호가 영미에게 구슬 1개를 준다면, 영미는 철호보다 구슬을 몇 개 더 많이 가지게 됩니까?

(　　　　　　　　)개

23 구슬 9개를 지민이와 희영이가 나누어 가지려고 합니다. 나누어 가지는 방법은 모두 몇 가지인지 구하시오. (단, 한 사람이 모두 가지는 경우는 없습니다.)

( )가지

24 규칙에 따라 모양과 모양을 늘어놓았습니다. 늘어놓은 모양에 빨간색, 파란색, 노란색 페인트를 번갈아 가며 칠한다면 빈 곳에 들어갈 모양은 어떤 모양이고, 무슨 색입니까? ( )

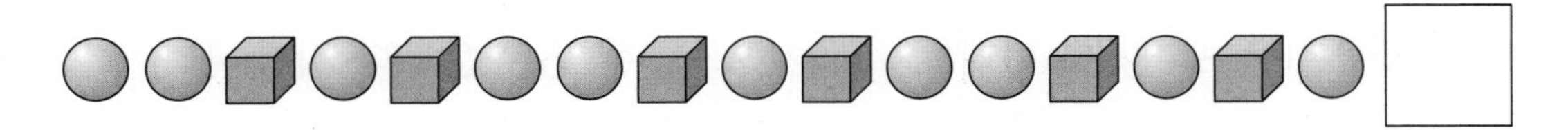

① , 빨간색　　② , 파란색　　③ , 노란색
④ , 빨간색　　⑤ , 파란색

25 다섯 개의 그릇이 있습니다. 이 중 빨간 그릇에 물을 가득 채우는데 그릇 ㉮는 5번, 그릇 ㉯는 3번 부어야 했습니다. 또, 그릇 ㉰는 빨간 그릇으로 3번 부으면 가득차고, 그릇 ㉱는 빨간 그릇으로 5번 부으면 가득 찼습니다. 이 중 2번째로 물을 많이 담을 수 있는 그릇은 어느 것입니까? ( )

① 그릇 ㉮　　② 그릇 ㉯　　③ 그릇 ㉰
④ 그릇 ㉱　　⑤ 빨간 그릇

교과서 기본 과정

01 접시에 빵이 2개 있었습니다. 철수가 1개를 먹고 동생이 1개를 먹었습니다. 접시에 남은 빵을 수로 나타내면 얼마입니까?

(　　　　　　　　)

02 두 수의 크기를 바르게 비교한 것은 어느 것입니까? (　　　　)

① 3은 4보다 큽니다.　② 5는 7보다 큽니다.
③ 9는 8보다 작습니다.　④ 6은 2보다 작습니다.
⑤ 1은 0보다 큽니다.

03 밑줄친 수를 바르게 읽은 것은 어느 것입니까? (　　　　)

영수 : 철수야, 우리 집에 놀러와.
문방구 앞에 있는 ㉠ 3동 102호야.
철수 : 그럼 내가 팽이 ㉡ 5개 가져갈게.

	㉠	㉡
①	셋	오
②	세	오
③	삼	오
④	삼	다섯
⑤	셋	다섯

04 다음 물건에서 보기와 같은 모양은 몇 개 있습니까?

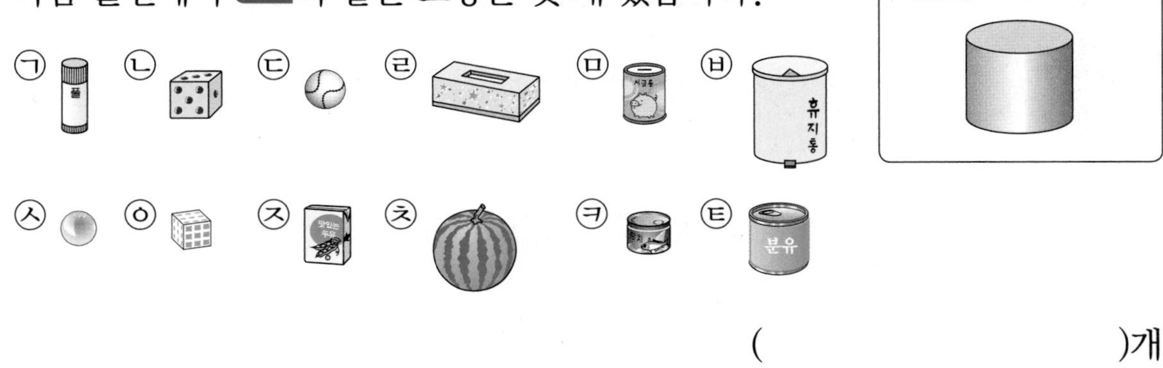

( )개

05 가에는 없고 나에만 있는 모양은 어느 것입니까? ( )

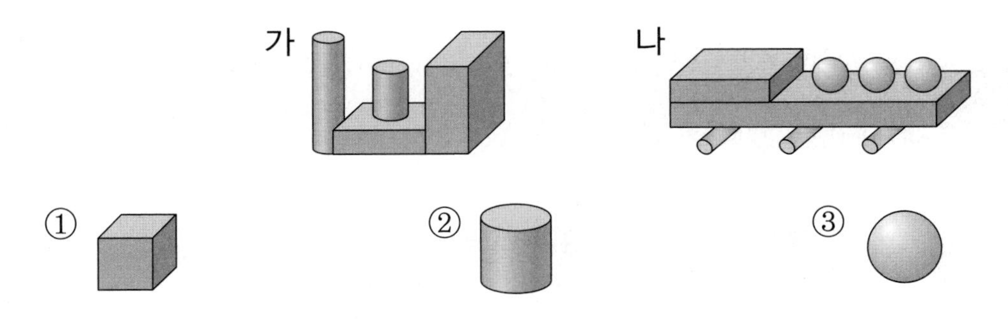

06 보기에 주어진 모양의 일부를 보고, 오른쪽 케이크 모양을 만드는 데 사용된 ㉠ 모양의 개수와 ㉡ 모양의 개수의 차이를 구하시오.

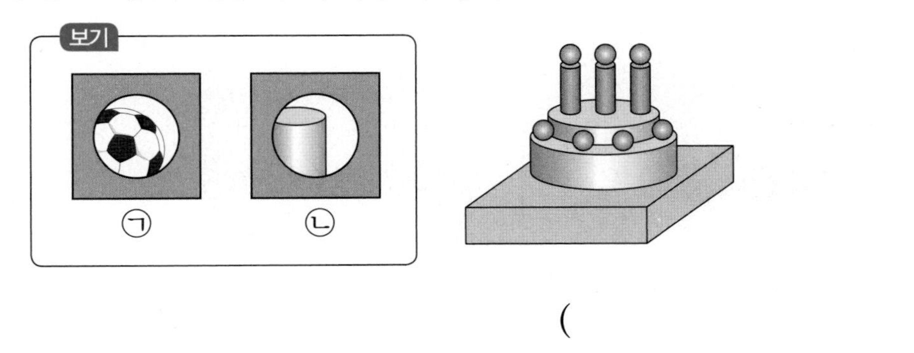

( )개

07 주어진 수 중에서 두 수를 모아 8이 되도록 할 때 사용되지 <u>않는</u> 수는 무엇입니까?

2 5 4 3 6

( )

08 유승이는 오전에 3건, 오후에 4건의 문자 메시지를 받았습니다. 유승이가 하루 동안 받은 문자 메시지는 모두 몇 건입니까?

( )건

09 ㉠, ㉡, ㉢에 알맞은 수들의 합을 구하시오.

7+㉠=7	3−㉡=0	5−0=㉢

( )

10 가장 긴 것은 어느 것입니까? ( )

①

②

③

교과서 응용 과정

11 다음 중에서 가장 넓게 색칠한 것은 어느 것입니까? (   )

① 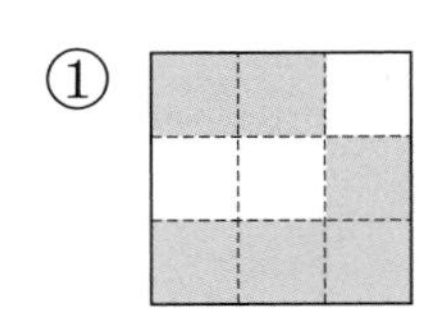
② 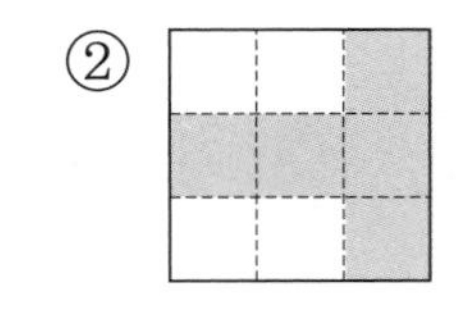
③ 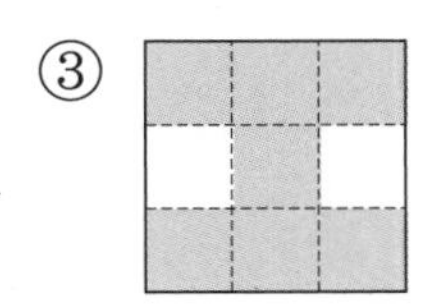

12 각각의 그릇에 물을 가득 담을 때, 담을 수 있는 물의 양이 셋째로 많은 것은 어느 것입니까? (   )

① 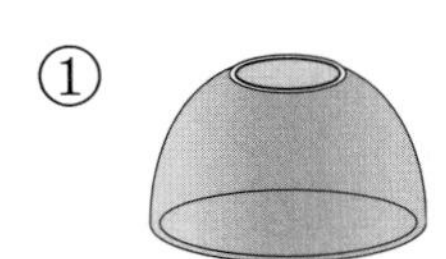
② 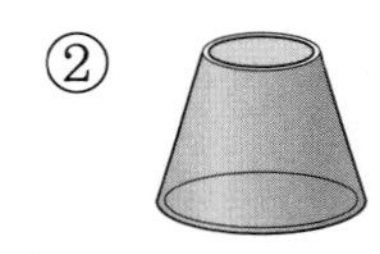
③ 
④ 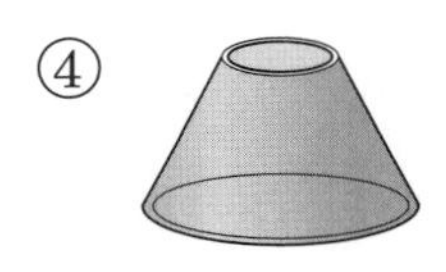

13 7보다 1만큼 더 작은 수는 ㉠보다 1만큼 더 큰 수와 같습니다. ㉠에 알맞은 수는 얼마입니까?

(   )

14 9보다 2 작은 수는 4보다 얼마나 더 큰 수입니까?

( )

15 대화를 읽고, 수연이가 모은 스티커는 몇 개인지 구하시오.

성인 : 내가 스티커를 2개만 더 모으면 은혜가 가지고 있는 스티커 수와 같아.
은혜 : 나는 스티커를 지난 주에 4개, 이번 주에 3개 모았어.
수연 : 나는 성인이보다 스티커가 3개 더 적어.

( )개

16 유승이는 가지고 있는 모양을 모두 사용하여 다음과 같은 모양을 만들었습니다. 유승이가 가장 많이 가지고 있는 모양은 어느 것입니까? ( )

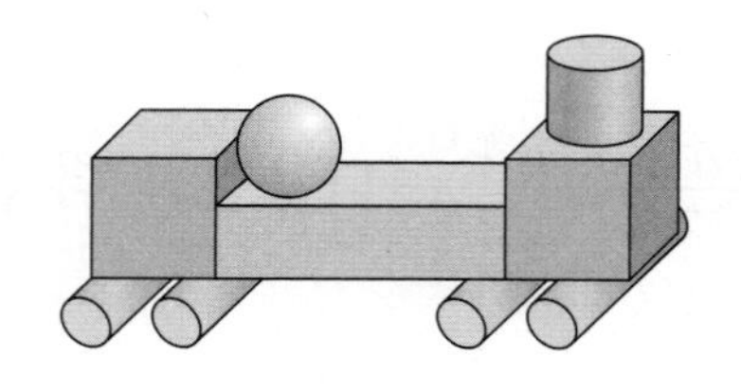

①  ② 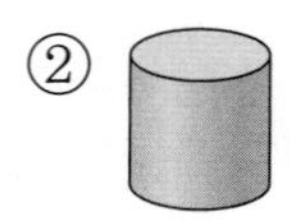 ③ 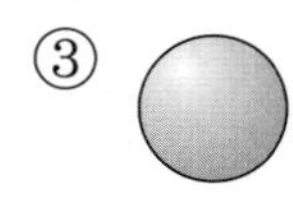

17 닭 몇 마리와 고양이 한 마리가 있습니다. 다리 수를 세어 보니 모두 8개였습니다. 닭은 몇 마리 있습니까?

( )마리

18 ㉮, ㉯, ㉰ 세 개의 컵에 구슬을 몇 개씩 넣었습니다. 세 개의 컵에 들어 있는 구슬 수의 관계가 다음과 같을 때, 구슬이 가장 많이 들어 있는 컵과 가장 적게 들어 있는 컵에 있는 구슬 수의 차는 몇 개입니까?

- ㉮와 ㉯ 컵에 들어 있는 구슬의 합은 9개입니다.
- ㉯와 ㉰ 컵에 들어 있는 구슬의 합은 8개입니다.
- ㉮와 ㉰ 컵에 들어 있는 구슬의 합은 5개입니다.

( )개

19 똑같은 길이의 끈 3개로 각각 당근, 고추, 오이의 길이를 재었습니다. 길이를 재고 남은 끈의 길이는 오이가 가장 짧고, 고추가 가장 길었습니다. 길이가 가장 긴 것부터 차례로 쓴 것은 어느 것입니까? ( )

① 당근, 고추, 오이　② 오이, 고추, 당근　③ 고추, 당근, 오이
④ 오이, 당근, 고추　⑤ 당근, 오이, 고추

20 무게가 다른 네 종류의 공이 있습니다. 두 번째로 무거운 공은 몇 번 공입니까?
(단, 같은 번호의 무게는 같습니다.)

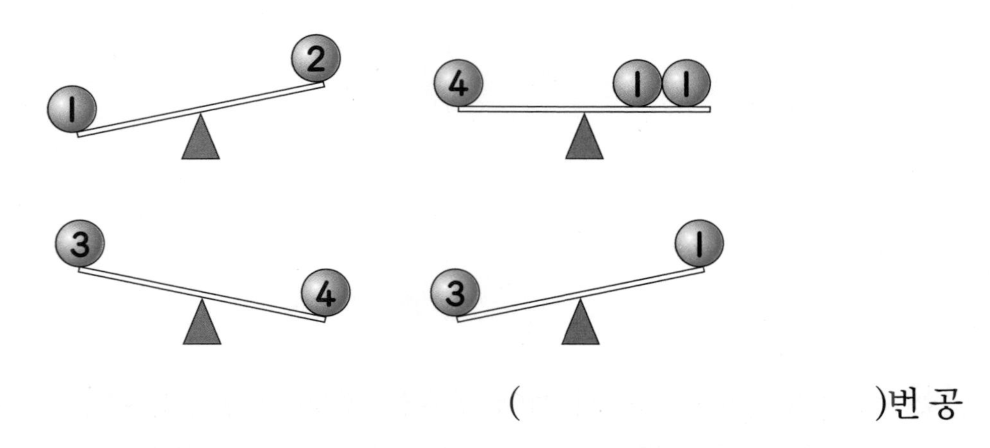

( )번 공

교과서 심화 과정

21 영희와 철수가 가지고 있는 바둑돌은 모두 **9**개입니다. 철수가 영희보다 바둑돌을 **5**개 더 많이 가지고 있다면 철수가 가지고 있는 바둑돌은 몇 개입니까?

( )개

22 철원이와 동선이는 가위바위보 게임을 하여 이기면 두 계단 올라가고, 지면 한 계단 올라가기로 하였습니다. 철원이와 동선이가 같은 계단에서 게임을 시작하여 철원이가 **2**번 이기고 **3**번을 졌다면, 동선이는 철원이보다 몇 계단 위에 서 있겠습니까?

( )계단

23 학생들이 한 줄로 서 있습니다. 왼쪽에서 셋째인 학생과 오른쪽에서 넷째인 학생 사이에 **2**명이 있습니다. 한 줄로 서 있는 학생은 모두 몇 명입니까?

( )명

24 다섯 명의 학생들이 달리기를 하고 있습니다. 선희는 앞에서 몇째로 달리고 있습니까? ( )

- 영호는 맨 뒤에서 달리고 있습니다.
- 재민이의 뒤에는 네 사람이 달리고 있습니다.
- 지수는 뒤에서 셋째로 달리고 있습니다.
- 선희는 지수의 뒤에서 달리고 있습니다.
- 영희는 지수의 앞에서 달리고 있습니다.

① 첫째 ② 둘째 ③ 셋째
④ 넷째 ⑤ 다섯째

25 조건을 보고 파란 리본 **1**개의 길이는 빨간 리본 몇 개의 길이와 같은지 구하시오.

조건
- 파란 리본 **2**개의 길이는 노란 리본 **4**개의 길이와 같습니다.
- 빨간 리본 **6**개의 길이는 노란 리본 **3**개의 길이와 같습니다.

( )개

교과서 기본 과정

01 샌드위치의 수보다 1 큰 수는 얼마입니까?

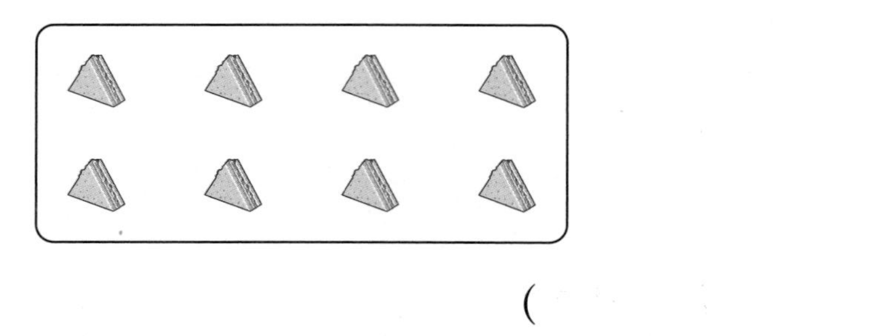

( )

02 빈 곳에 7보다 1 작은 수를 써넣으려고 합니다. 빈 곳에 알맞은 수는 얼마입니까?

( )

03 4와 9 사이에 있고 6보다 작은 수는 얼마입니까?

( )

04 한 방향으로만 잘 굴러가는 물건은 모두 몇 개입니까?

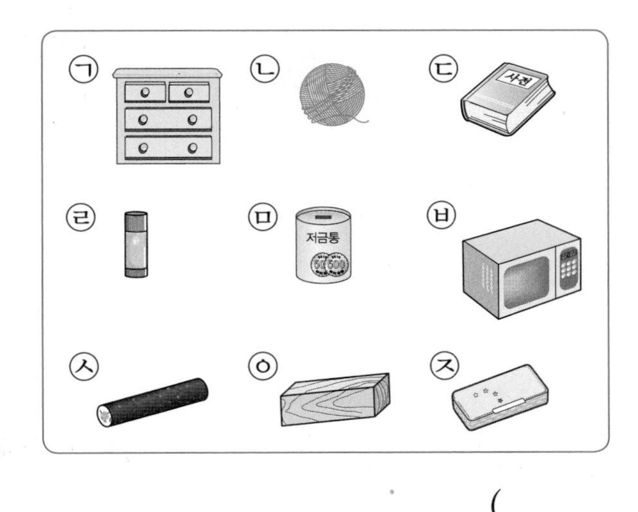

( )개

05 오른쪽과 같은 모양을 만드는 데 사용한 모양은 모양보다 몇 개 더 많습니까?

( )개

06 모양을 더 적게 사용한 것은 어느 것입니까? ( )

①

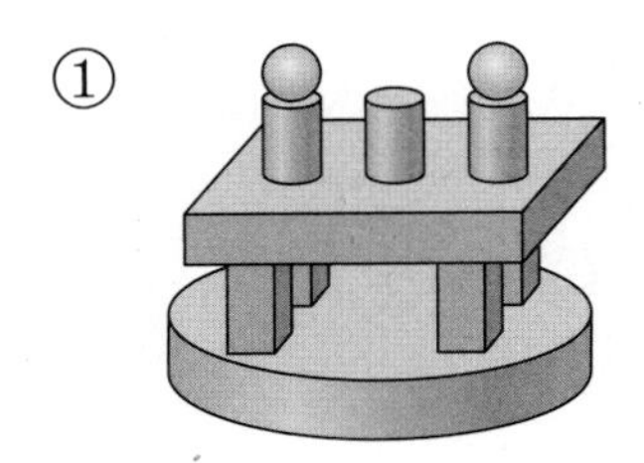

②

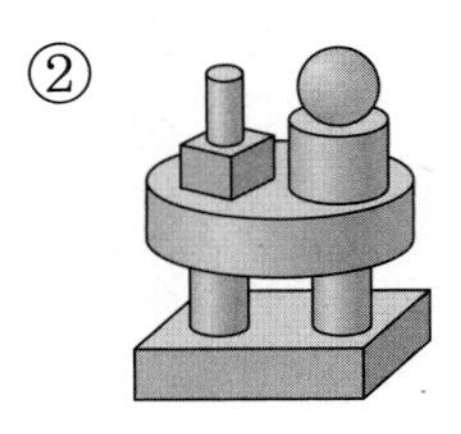

07 빈 곳에 공통으로 들어갈 수는 얼마입니까?

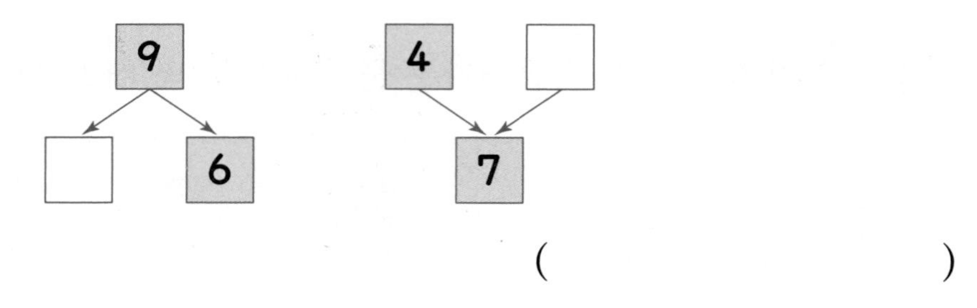

( )

08 1부터 9까지의 수를 순서대로 늘어놓은 것입니다. ♥와 ♣에 알맞은 두 수를 모으면 얼마입니까?

1, 2, ♥, 4, 5, ♣, 7, 8, 9

( )

09 키가 가장 큰 사람은 누구입니까? ( )

① 영수 ② 지혜 ③ 동민

10 다음 중 셋째로 넓은 것은 어느 것입니까? (　　　　　)

① 　　② 　　③

④ 　　⑤

교과서 응용 과정

11 여섯째 바로 다음 순서는 어느 것입니까? (　　　　　)

① 넷째 　　② 다섯째 　　③ 일곱째
④ 여덟째 　　⑤ 아홉째

12 0부터 9까지의 수 중에서 □ 안에 들어갈 수 있는 가장 작은 수는 얼마입니까?

□는(은) 6보다 큽니다.

(　　　　　　　　)

13 왼쪽의 수가 되도록 ○를 더 그리려고 합니다. 몇 개를 더 그려야 합니까?

(　　　　　)

9	○○○○

① 1개 　　② 2개 　　③ 3개
④ 4개 　　⑤ 5개

14 오른쪽 그림은 어떤 모양의 일부를 나타낸 것입니다. 이 모양을 나타내는 것은 모두 몇 개입니까?

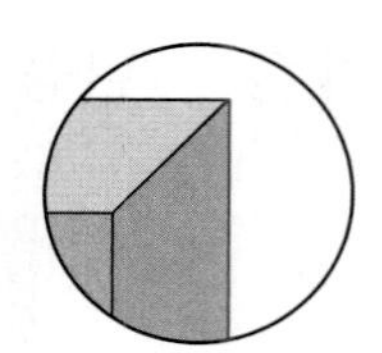

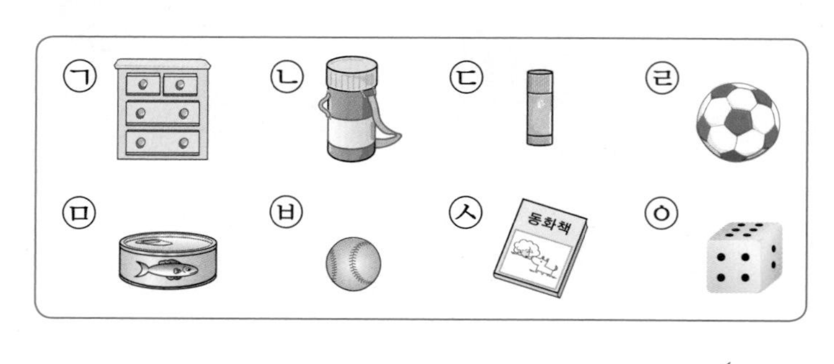

( )개

15 주어진 모양을 만드는 데 가장 많이 사용한 모양은 어느 것입니까? ( )

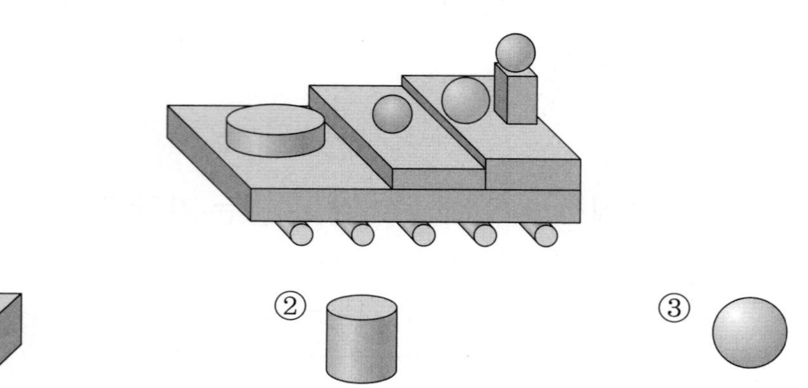

① ② ③

16 ㉢에 알맞은 수는 얼마입니까?

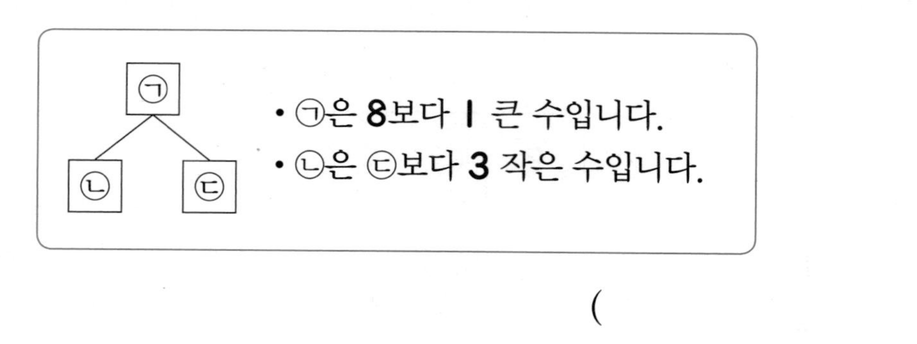

( )

17 가르기를 했을 때 ㉠에 알맞은 수는 얼마입니까?

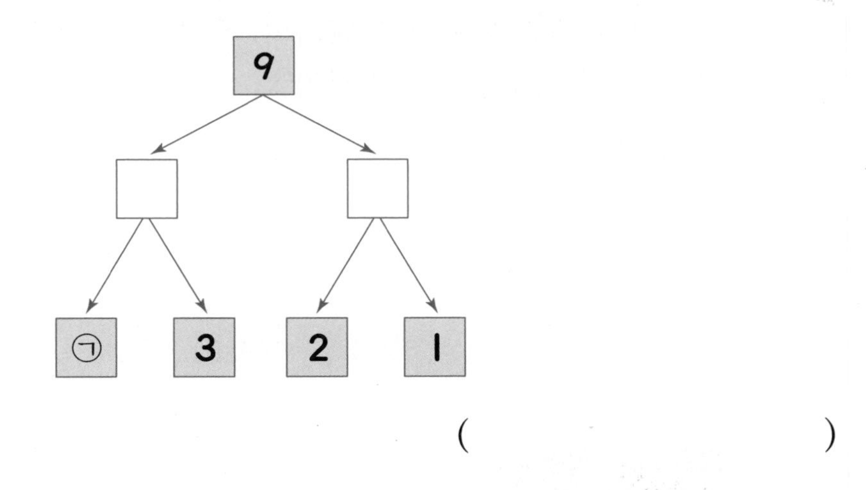

( )

18 사탕을 형은 1개, 동생은 9개를 가지고 있습니다. 형과 동생의 사탕의 수가 같아지려면 동생은 형에게 사탕 몇 개를 주어야 합니까?

( )개

19 ㉠, ㉡, ㉢, ㉣은 한 자리 수를 나타내고 같은 기호는 같은 수를 나타냅니다. ㉠과 ㉣을 더하면 얼마인지 구하시오.

㉠+㉡=9	㉢+㉣=7
㉡−㉠=5	㉢+㉢=㉠

( )

20 키가 가장 작은 사람부터 차례로 줄을 섰습니다. 수연이 앞에는 유리가 섰고, 지훈이 뒤에는 유리가 섰습니다. 수연이와 지혜가 민수보다 앞쪽에 섰다면 키가 가장 큰 학생은 누구입니까? (　　　　)

① 수연　② 유리　③ 지훈
④ 민수　⑤ 지혜

교과서 심화 과정

21 상연, 예슬, 석기는 구슬을 가지고 있습니다. 다음을 보고 상연이는 석기보다 구슬을 몇 개 더 적게 가지고 있는지 구하시오.

- 상연이는 예슬이보다 구슬을 **4**개 더 적게 가지고 있습니다.
- 석기는 예슬이보다 구슬을 **2**개 더 많이 가지고 있습니다.

(　　　　　　)개

22 오른쪽 그림과 같이 □ 모양에 각각 **4**개의 수들이 걸려 있습니다. □ 모양에 있는 **4**개의 수들의 합이 모두 같을 때 ㉮와 ㉯에 알맞은 수를 찾아 합을 구하면 얼마입니까?

(　　　　　　)

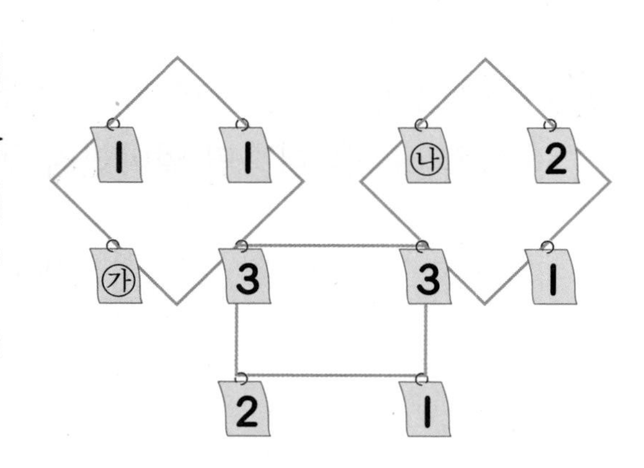

23 ㉠, ㉡, ㉢, ㉣은 각각 **2**, **4**, **6**, **8** 중 서로 다른 하나의 수를 나타냅니다. ㉠에 알맞은 수는 무엇입니까? (단, 같은 기호는 같은 수를 나타냅니다.)

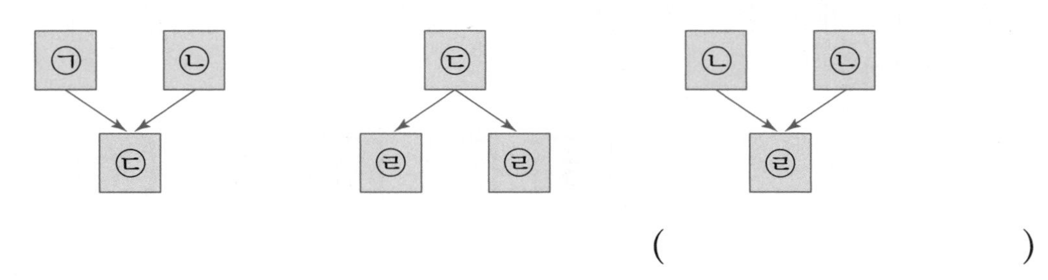

(   )

24 과일들을 양팔저울에 달아 보았더니 다음과 같았습니다. 가장 무거운 과일과 가장 가벼운 과일을 차례대로 바르게 쓴 것은 어느 것입니까? (   )

- 멜론과 배를 올려 놓으면 배 쪽이 올라갑니다.
- 사과와 오렌지를 올려 놓으면 사과 쪽이 내려갑니다.
- 배와 오렌지를 올려 놓으면 오렌지 쪽이 올라갑니다.
- 멜론과 사과를 올려 놓으면 멜론 쪽이 내려갑니다.

① 멜론, 배　　② 사과, 오렌지　　③ 배, 오렌지
④ 멜론, 사과　　⑤ 멜론, 오렌지

25 다섯 명의 어린이들이 색종이를 가지고 있습니다. 색종이를 가장 많이 가지고 있는 어린이는 가장 적게 가지고 있는 어린이보다 몇 장 더 많이 가지고 있습니까?

- 영수는 **8**장보다 **2**장 더 적게 가지고 있습니다.
- 영희는 영수보다 **1**장 더 많이 가지고 있습니다.
- 철수는 영수에게 **1**장을 받으면 철수와 영수가 가지고 있는 색종이의 수는 같아집니다.
- 소연이는 영희보다 **2**장 더 많이 가지고 있습니다.
- 미경이는 **5**장보다 **3**장 더 많이 가지고 있습니다.

(   )장

교과서 기본 과정

01 다섯 개의 수를 규칙적으로 늘어놓았습니다. 이때, 빈 곳에 들어갈 수는 무엇입니까?

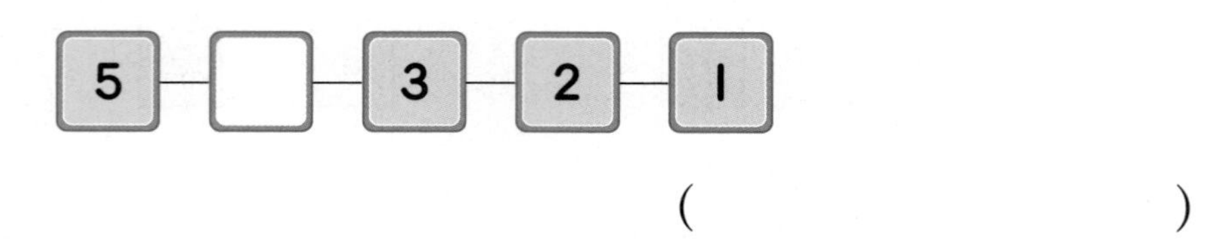

( )

02 다음 중 '둘째'와 관계있는 것은 어느 것입니까? ( )

① 하나 ② 삼반 ③ 오등
④ 넷 ⑤ 이등

03 포도는 오른쪽에서 몇째 번에 놓여 있습니까? ( )

① 둘째 ② 다섯째 ③ 여섯째
④ 여덟째 ⑤ 아홉째

04 다음 중 개수가 가장 많은 모양은 어느 것입니까? (　　　　)

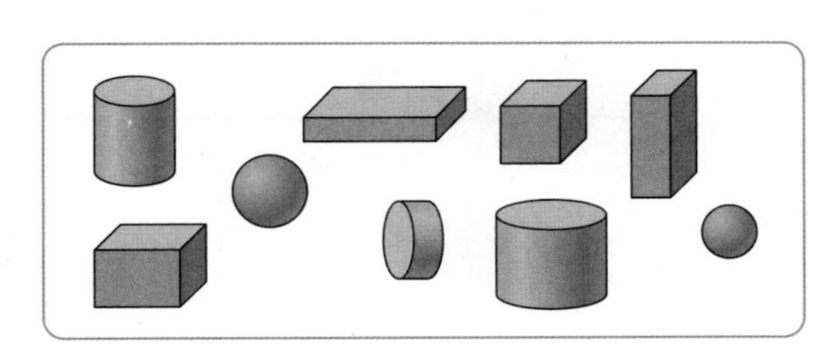

① 　　② 　　③

05 다음 중 모양을 더 많이 사용한 것은 어느 것입니까? (　　　　)

①
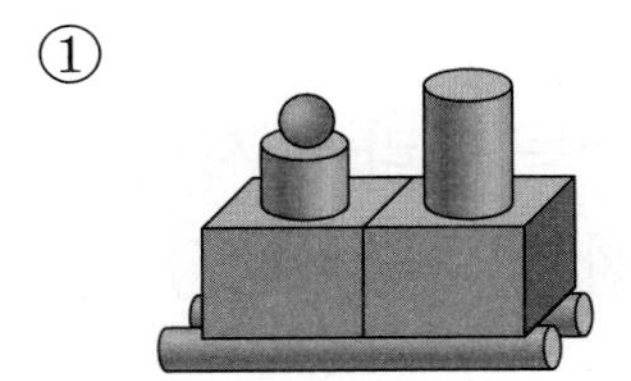

②
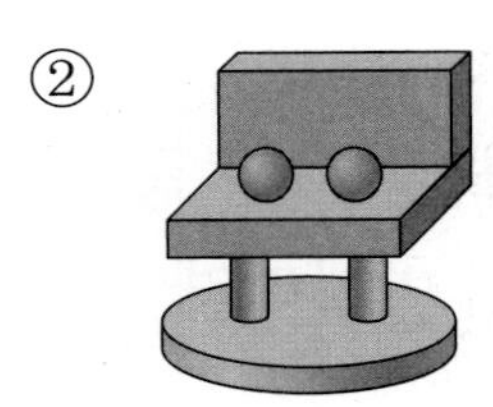

06 두 식의 계산 결과가 같을 때 ㉠에 들어갈 수를 구하시오.

7+2	6+㉠

(　　　　　　　　)

07 8을 위와 아래의 두 수로 가르기 하였을 때, ㉠과 ㉡에 알맞은 수를 찾아 ㉠+㉡의 값을 구하시오.

8	3	4	㉡
	5	㉠	6

( )

08 뺄셈식을 보고, 만들 수 있는 덧셈식은 어느 것입니까? ( )

$9-4=5$

① $8+1=9$ ② $4+5=9$ ③ $5+3=8$
④ $4+3=7$ ⑤ $9+0=9$

09 유승이는 다음과 같은 컵 중 하나를 골라 우유를 가득 따라 마시려고 합니다. 우유를 가장 많이 마시려면, 어느 컵에 따라야 합니까? ( )

① 
② 
③ 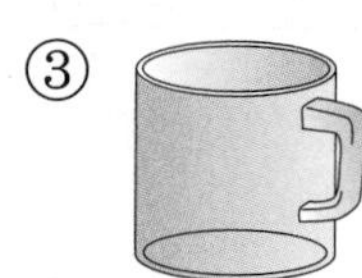

10 가장 가벼운 동물은 어느 것입니까? ( )

① 강아지 ② 토끼 ③ 돼지

교과서 응용 과정

11 왼쪽에는 8보다 1 작은 수를, 오른쪽에는 8보다 1 큰 수를 써넣으려고 합니다. 오른쪽에 들어갈 수는 왼쪽에 들어갈 수보다 몇 큰 수입니까?

(　　　　　　　　　)

12 수돗가에 5명의 학생이 한 줄로 서 있는데 그중에서 지혜는 앞에서부터 둘째에 서 있습니다. 지혜는 뒤에서부터 몇째에 서 있습니까? (　　　　)

① 첫째　② 둘째　③ 셋째
④ 넷째　⑤ 다섯째

13 오른쪽 모양을 만드는 데 사용한 ▣ 모양은 모두 몇 개입니까?

(　　　　　　　　　)개

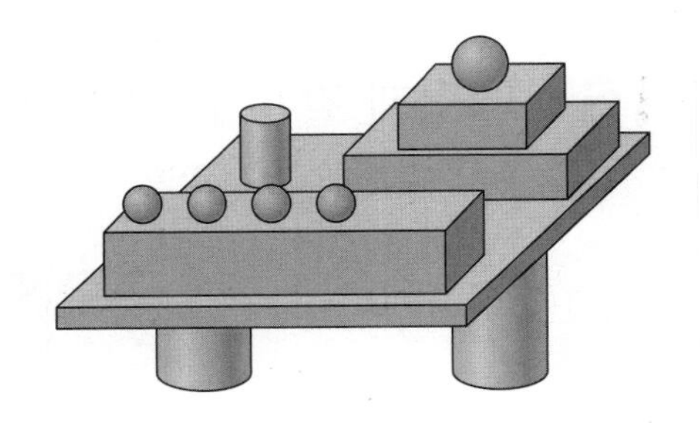

14 다음과 같이 (원기둥) 모양을 규칙적으로 쌓으려고 합니다. 다섯째는 셋째보다 (원기둥) 모양이 몇 개 더 필요합니까? (단, 보이지 않는 (원기둥) 모양은 없습니다.)

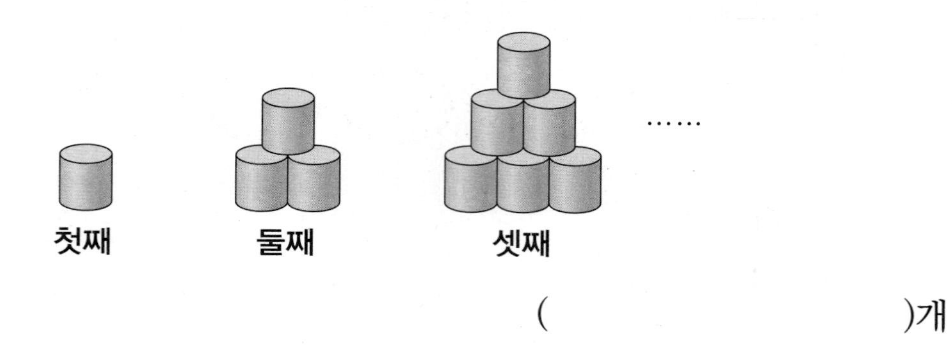

( )개

15 두 수를 모은 수가 가장 큰 것은 어느 것입니까? ( )

① 2 | 5
② 3 | 1
③ 6 | 3
④ 1 | 7
⑤ 4 | 4

16 다음과 같은 규칙에 따라 점을 찍었습니다. ㉠과 ㉡에 찍히는 점의 개수를 모으면 몇 개입니까?

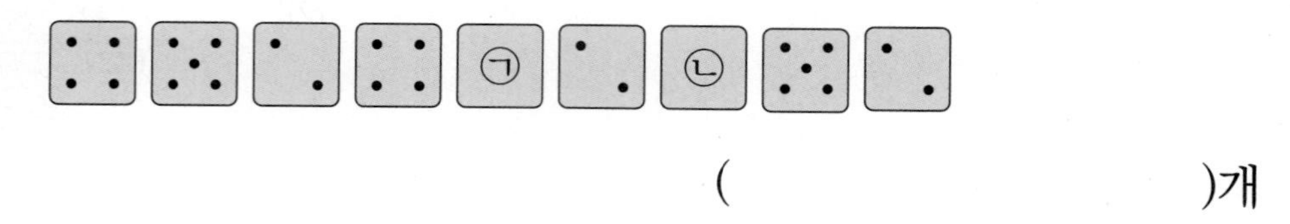

( )개

17 왼쪽의 식에 알맞은 이야기를 만들었습니다. ㉠, ㉡에 들어갈 수로 알맞은 것은 어느 것입니까? (   )

3+2	친구들과 공놀이를 하려고 합니다. 농구공 **3**개, 피구공 ㉠개가 필요해서 체육관에서 공을 모두 ㉡개 가져왔습니다.

	㉠	㉡		㉠	㉡		㉠	㉡
①	3	2	②	3	5	③	2	5
④	2	4	⑤	5	8			

18 다음에서 키가 가장 큰 사람은 누구입니까? (   )

- 유승이는 한솔이보다 더 작고 예슬이는 상연이보다 더 큽니다.
- 한솔이는 예슬이보다 더 큽니다.

① 유승　　② 한솔　　③ 예슬　　④ 상연

19 그림을 보고 자의 길이는 클립 몇 개를 이은 길이와 같은지 구하시오.

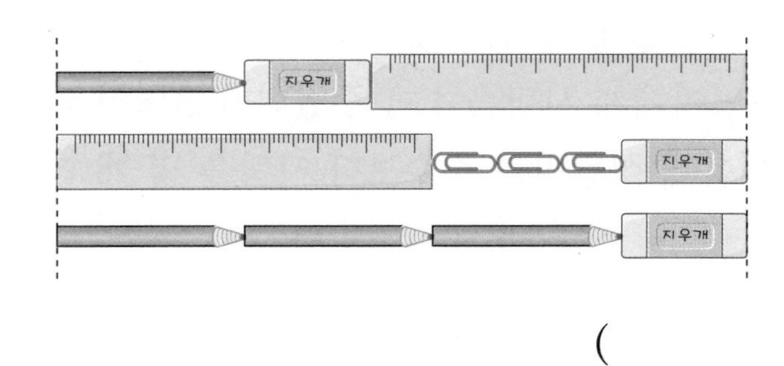

(   )개

20 다음 그림은 사과(🍎), 귤(◯), 감(●)의 무게를 잰 것입니다. 사과 1개의 무게는 귤 몇 개의 무게와 같은지 구하시오. (단, 같은 과일끼리는 무게가 같습니다.)

( )개

21 1부터 9까지의 수를 □ 안에 한 번씩 써넣어 다음과 같은 4개의 식을 만들었더니 1개의 수가 남았습니다. 남은 수는 얼마인지 구하시오.

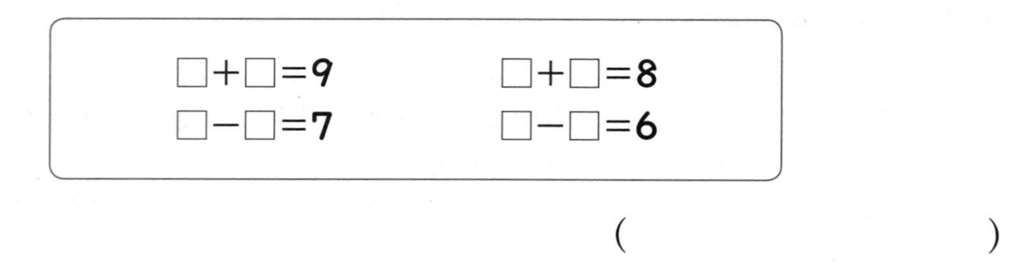

□+□=9　　□+□=8

□−□=7　　□−□=6

( )

22 미연이는 사탕을 5개 가지고 있었습니다. 미연이는 준수에게 사탕을 2개 주고, 성원이는 미연이에게 사탕을 1개 주었더니 3명이 가지고 있는 사탕 수가 같아졌습니다. 처음에 성원이는 준수보다 사탕을 몇 개 더 많이 가지고 있었습니까?

( )개

23 +, − 대신 다른 기호를 사용하여 다음과 같이 계산하기로 약속하였습니다. 보기의 식에서 기호의 규칙을 찾아 순서에 따라 계산한 결과 ㉣에 들어갈 수를 구하시오.

보기

① 3★4=4, 5★2=5
② 1▲3=2, 5▲2=3, 2▲4=2
③ 2♥3=7, 2♥4=8, 3♥2=8

1★3=㉠　　㉠★㉡=5
㉡▲4=㉢　　㉠♥㉢=㉣

(　　　　　　)

24 옆으로 또는 위와 아래로 이웃하는 두 수의 합이 7이 되도록 묶으려고 합니다. 모두 묶으면 몇 묶음이 됩니까?

3	4	2	8
6	3	5	0
1	4	3	7
5	2	4	6

(　　　　　　)묶음

25 오른쪽 그림과 같은 길이 있습니다. 길을 따라 ㉠에서 출발하여 ㉡까지 갈 때 가장 가까운 길로 가는 방법은 몇 가지입니까?

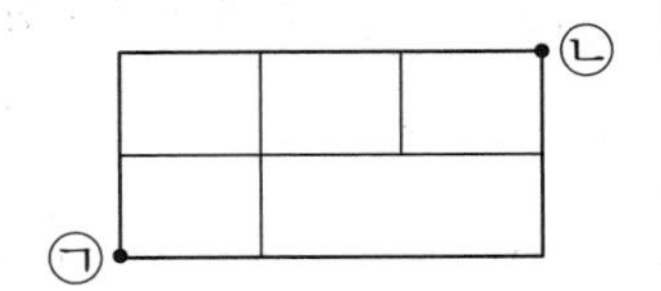

(　　　　　　)가지

교과서 기본 과정

01 다음 중 나머지와 다른 수를 나타내는 것은 어느 것입니까? (   )

① 팔　　② 여덟　　③ 8

④ ●●●●●●●　　⑤ ●●●●●●●●

02 수를 두 가지 방법으로 바르게 읽은 것은 어느 것입니까? (   )

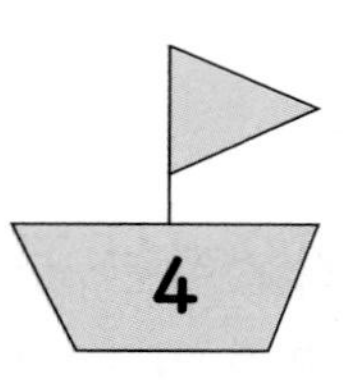

① 일, 하나　　② 둘, 이　　③ 삼, 셋

④ 사, 넷　　⑤ 다섯, 오

03 왼쪽에서 여섯째에 있는 수는 얼마입니까?

3 2 5 4 7 1 9 6

(   )

04 오른쪽은 어떤 모양의 일부분입니다. 다음 중 이 모양과 같은 모양은 모두 몇 개입니까?

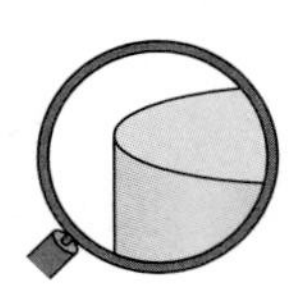

( )개

05 다음은 신영이와 한초가 , , 모양 중 한 모양에 대해 설명한 것입니다. 신영이와 한초가 설명한 모양에는 평평한 부분이 몇 개 있습니까?

- 신영 : 이 모양을 위에서 보면 모양으로 보여.
- 한초 : 이 모양은 세우면 정리가 잘 되지만 눕히면 정리하기가 힘들어.

( )개

06 오른쪽 같은 모양을 만드는 데 , , 모양 중 가장 많이 사용된 모양의 개수를 구하시오.

( )개

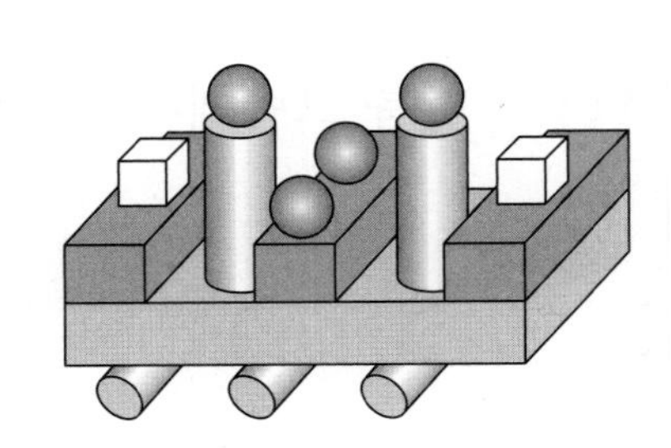

07 케이크가 **8**조각 있었습니다. 그 중에서 **2**조각을 먹었습니다. 남은 케이크는 몇 조각입니까?

( )조각

08 □ 안에 들어갈 수가 나머지와 다른 하나는 어느 것입니까? ( )

① $5+\square=7$　② $\square+2=4$　③ $8-\square=6$

④ $3-\square=1$　⑤ $6-\square=3$

09 길이가 가장 긴 것은 어느 것입니까? ( )

①

②

③

10 다음 그림에서 넓이가 가장 넓은 것은 어느 것입니까? ( )

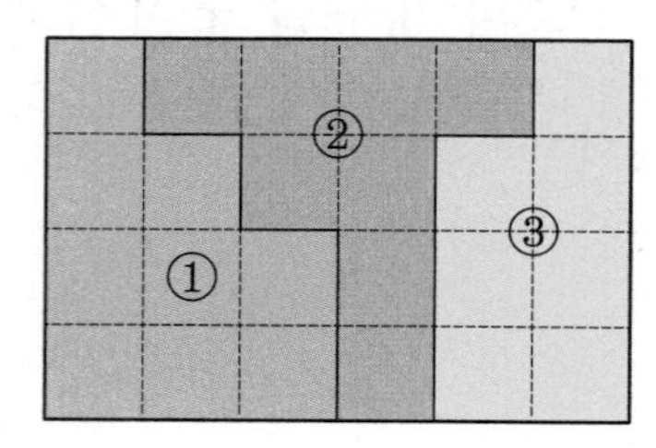

교과서 응용 과정

11 △에 알맞은 수는 얼마입니까?

- 7은 □보다 3 큰 수입니다.
- △는 □보다 5 큰 수입니다.

( )

12 유승, 지혜, 가영, 상연이는 같은 아파트에 살고 있습니다. 다음을 읽고 유승이가 살고 있는 층은 몇 층인지 구하시오.

- 가영이는 9층에 살고 있습니다.
- 지혜는 가영이보다 네 층 더 낮은 곳에 살고 있습니다.
- 상연이는 지혜보다 네 층 더 낮은 곳에 살고 있습니다.
- 유승이는 상연이보다 다섯 층 더 높은 곳에 살고 있습니다.

( )층

13 미현이는 구슬 7개를 가지고 있었고, 신유는 구슬 6개를 가지고 있었습니다. 두 사람이 구슬 놀이를 2회 하였는데 1회 때는 미현이의 구슬 2개를 신유가 가져 갔고, 2회 때는 신유의 구슬 4개를 미현이가 가져갔습니다. 구슬 놀이를 마친 후 미현이와 신유가 가진 구슬의 개수 차이는 몇 개인지 구하시오.

( )개

14 ▢, ▢, ◯ 모양을 사용하여 오른쪽과 같은 모양을 만들었습니다. 가장 많이 사용한 모양은 가장 적게 사용한 모양보다 몇 개 더 많이 사용하였습니까?

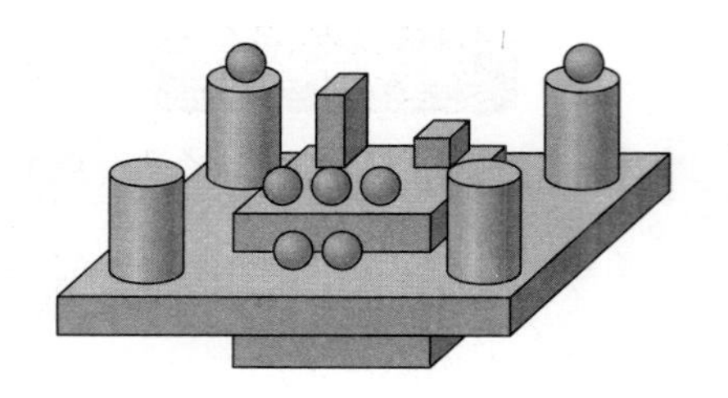

( )개

15 가와 나 모양을 만드는 데 필요한 ▢ 모양은 모두 몇 개입니까?

가 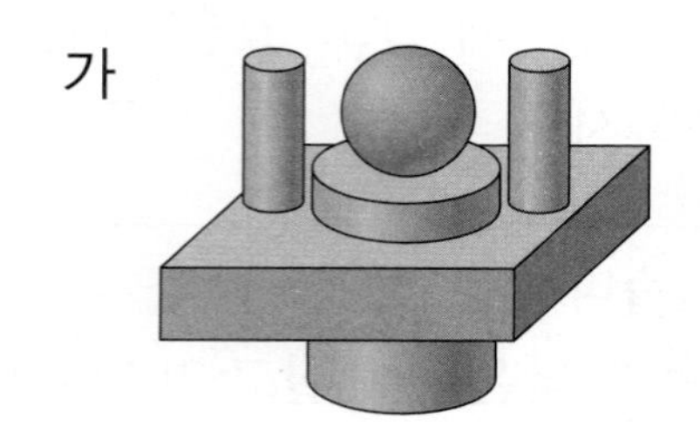

나 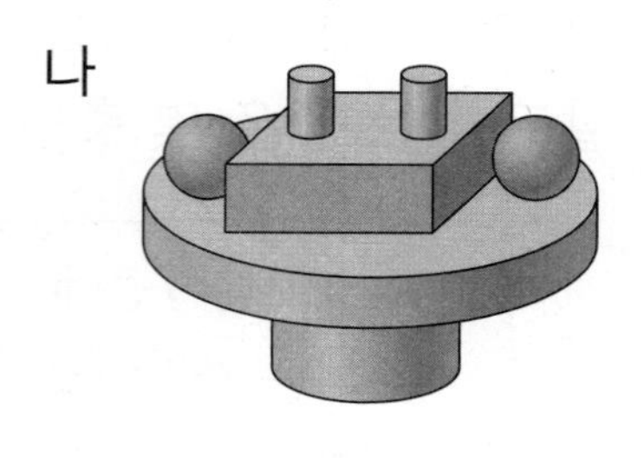

( )개

16 영수의 손에 왼쪽 그림과 같이 구슬을 들고 있습니다. 이 구슬을 한 손에 모아 다시 두 손에 나누어 든 후 왼손을 펴 보니 오른쪽 그림과 같았습니다. 주먹 쥔 손에 있는 구슬은 몇 개입니까?

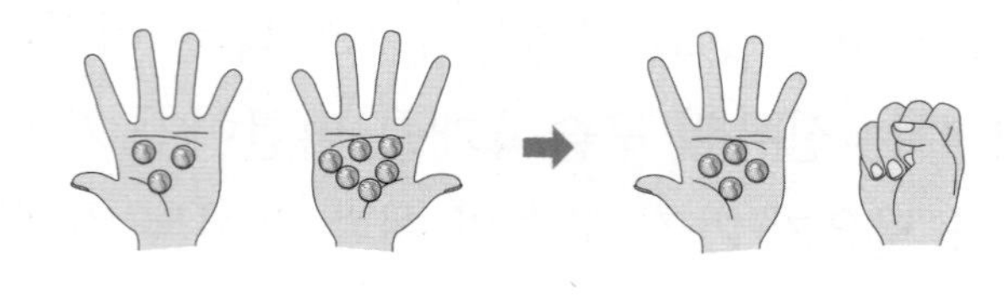

( )개

17 가영이는 동화책을 **5**권 읽었고, 한초는 가영이보다 **2**권 더 적게 읽었습니다. 효근이는 한초보다 **3**권 더 많이 읽었다면 효근이가 읽은 동화책은 몇 권입니까?

( )권

18 ㉮ 빨대를 같은 길이로 **2**도막으로 자른 빨대 조각은 ㉯ 빨대를 같은 길이로 **5**도막으로 자른 빨대 조각과 길이가 같고, ㉰ 빨대는 ㉮ 빨대보다 짧습니다. 다음 설명 중 바른 것은 어느 것입니까? ( )

① ㉮ 빨대는 ㉯ 빨대보다 깁니다.
② ㉯ 빨대는 ㉰ 빨대보다 깁니다.
③ ㉮ 빨대는 ㉯ 빨대와 길이가 같습니다.
④ ㉮ 빨대 **2**개를 연결한 것과 ㉯ 빨대 **5**개를 연결한 것의 길이가 같습니다.
⑤ ㉰ 빨대를 같은 길이로 **2**도막으로 자른 빨대 조각은 ㉯ 빨대를 같은 길이로 **5**도막으로 자른 빨대 조각보다 깁니다.

19 가장 무거운 과일은 어느 것입니까? ( )

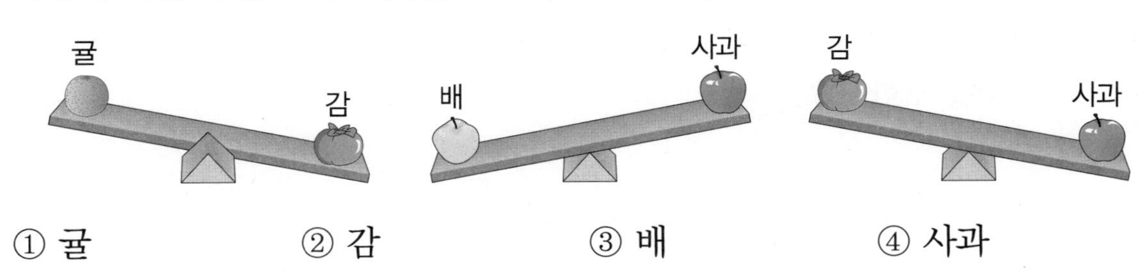

① 귤 ② 감 ③ 배 ④ 사과

20 다음에서 키가 가장 큰 학생과 키가 가장 작은 학생을 차례로 쓴 것은 어느 것입니까? (　　　　)

• 유승이는 한솔이보다 크고, 근희는 성은이보다 작습니다.
• 근희는 유승이보다 크고, 한솔이는 성은이보다 작습니다.

① 유승, 한솔　② 성은, 근희　③ 근희, 유승
④ 성은, 한솔　⑤ 근희, 한솔

교과서 심화 과정

21 성냥개비로 다음과 같이 0부터 9까지의 수를 만들 수 있습니다.

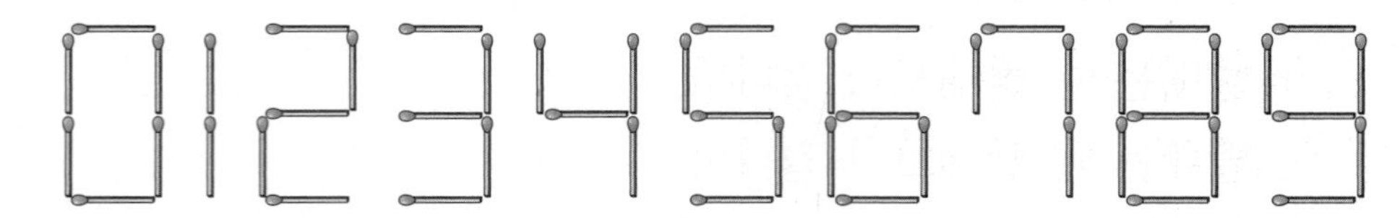

성냥개비를 사용하여 만든 수 6에서 성냥개비 한 개를 더하거나 옮겨서 만들 수 있는 수는 모두 몇 개입니까? (다만, 위와 같은 모양으로 만든 수만을 생각합니다.)

(　　　　　　)개

22 동민이가 가지고 있는 블록을 사용하여 다음과 같은 모양을 만들려고 했더니 ▢ 모양은 3개 부족하고, ▢ 모양은 1개 부족하고, ◯ 모양은 2개가 부족합니다. 동민이가 가지고 있는 블록 중 가장 많은 모양과 가장 적은 모양의 개수의 차를 구하시오.

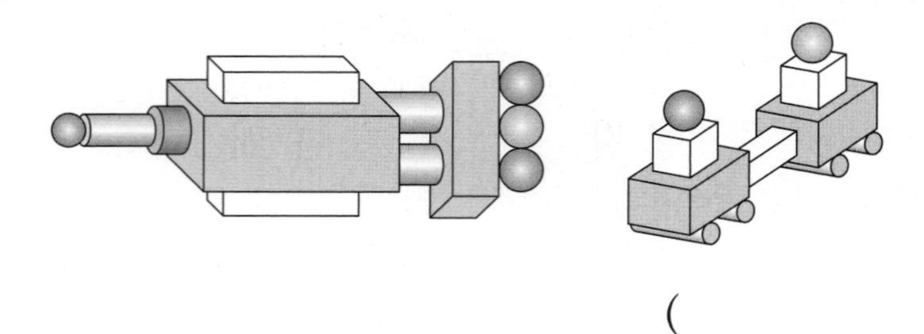

(　　　　　　)개

23 ㉮, ㉯, ㉰, ㉱, ㉲, ㉳는 수 **3**, **4**, **6**, **7**, **8**, **9** 중 어느 하나에 각각 해당됩니다. 다음을 보고 ㉮에 알맞은 수를 구하시오.

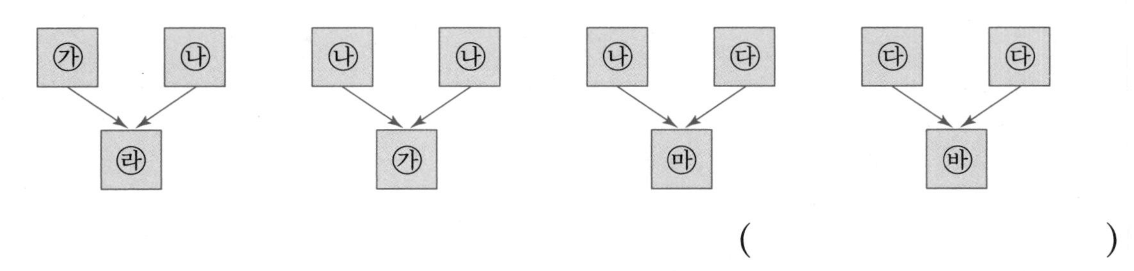

( )

24 세 종류의 컵에 물을 가득 채웠습니다. 보기 의 조건에 따라 컵을 사용한 사람, 컵의 색깔, 컵의 크기가 큰 순서로 바른 것은 어느 것입니까? ( )

보기
- 민수는 노란색 컵을 사용했습니다.
- 수연이가 사용한 컵은 크기가 가장 작습니다.
- 민수의 컵에 가득 채운 물로 시윤이의 컵을 가득 채울 수 없습니다.
- 같은 빠르기로 물을 채울 때 빨간색 컵에 물을 가득 채우는 시간은 파란색 컵에 물을 가득 채우는 시간보다 오래 걸립니다.

① 민수 — 노란색 — 첫 번째
② 민수 — 노란색 — 세 번째
③ 수연 — 빨간색 — 세 번째
④ 수연 — 파란색 — 두 번째
⑤ 시윤 — 빨간색 — 첫 번째

25 규칙 에 따라 수를 써넣을 때 써넣는 방법은 모두 몇 가지입니까?

규칙
- 빈칸에는 모두 1~9까지의 수가 들어갈 수 있습니다.
- 위의 숫자를 가르기하여 바로 아래 두 칸에 씁니다.
- 같은 줄에서 오른쪽의 수는 왼쪽의 수보다 작지 않습니다.

[예시]

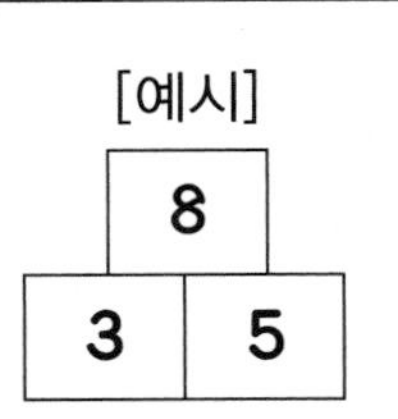

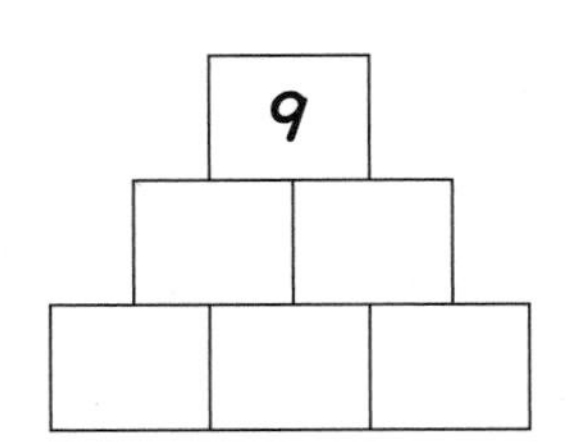

( )가지

Memo

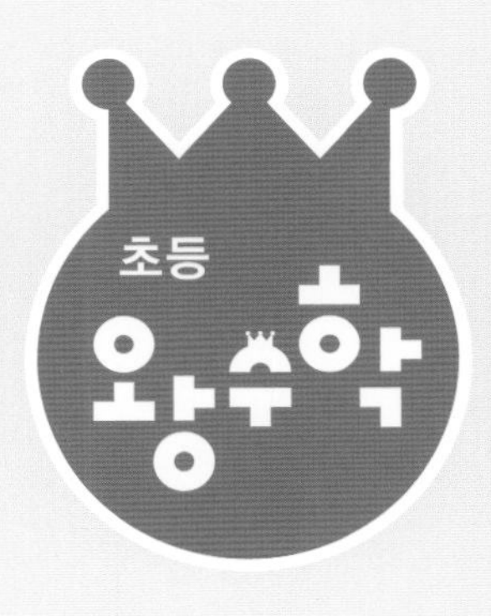
초등
왕수학

초등
왕수학

KMA

Korean Mathematics Ability Evaluation

한국수학학력평가

상반기 대비

정답과 풀이

초 1학년

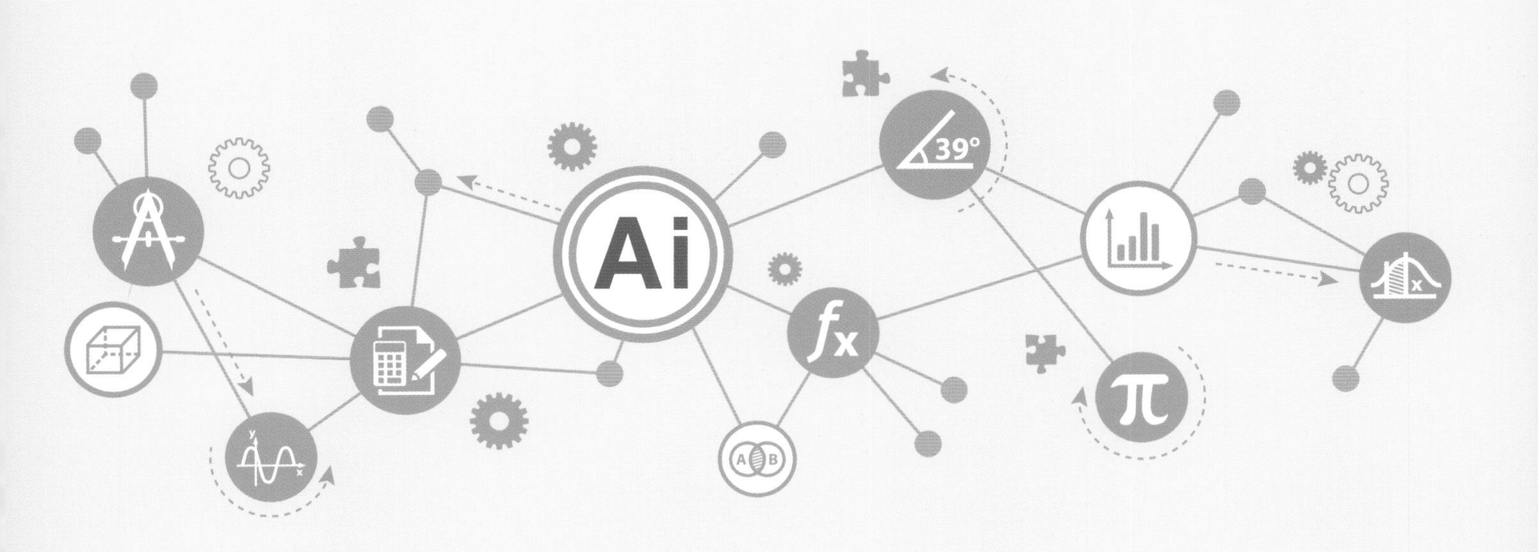

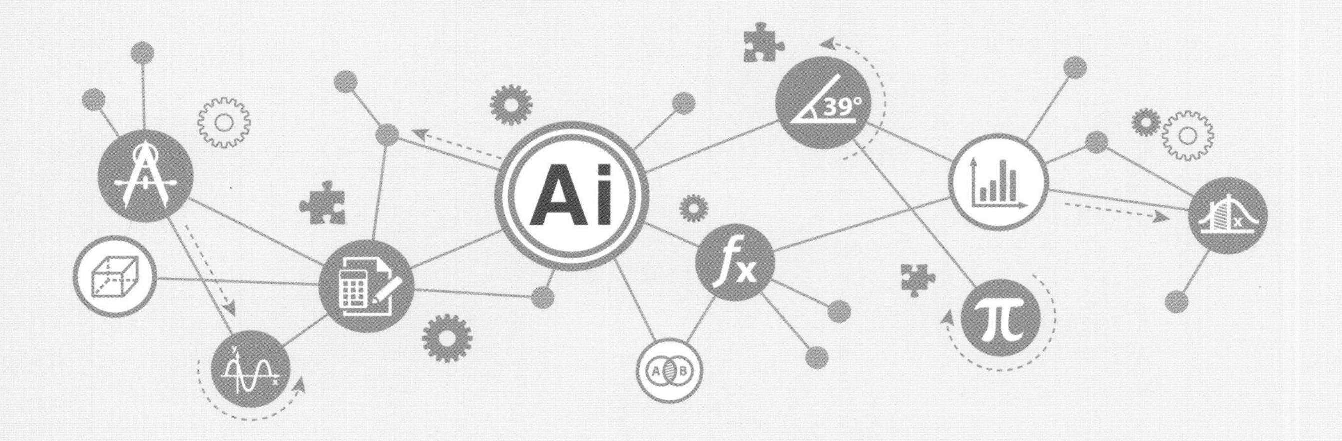

KMA

Korean Mathematics Ability Evaluation

한국수학학력평가

상반기 대비

정답과 풀이

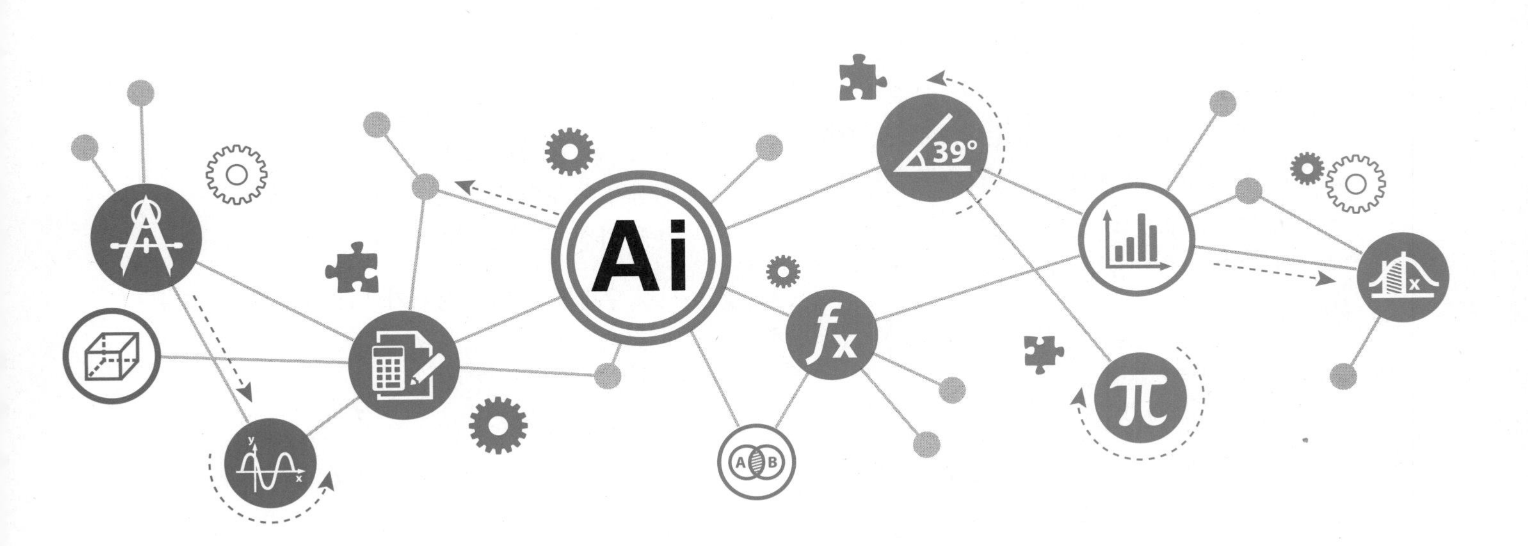

KMA 정답과 풀이

KMA 단원 평가

1 9까지의 수 8~15쪽

01 ③	02 ④	03 8
04 ④	05 ③	06 ③
07 5	08 5	09 5
10 ②	11 ③	12 3
13 ②	14 ⑤	15 ③
16 9	17 ①	18 ④
19 ③	20 4	21 7
22 5	23 6	24 7
25 2		

06

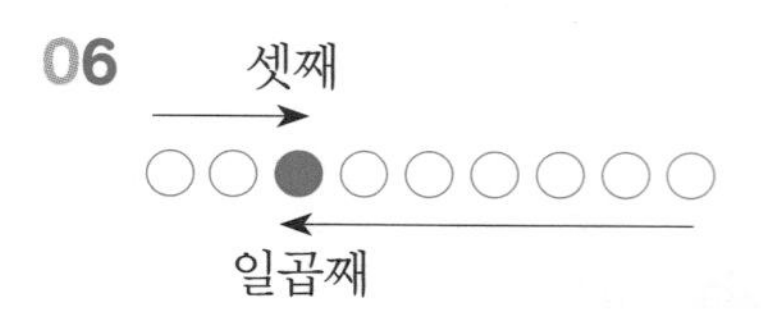

08 순서를 거꾸로 하여 수를 쓰면
9－8－7－6－5이므로 ㉠에 알맞은 수는 5 입니다.

09 4와 6 사이의 수는 5이므로 바나나는 5개입니다.

10 상황에 따라 수를 읽어 보면 딸기의 개수는 '일곱'으로, 반은 '칠'로 읽어야 합니다.

11 5는 오 또는 다섯이라고 읽습니다.

12 5－6－7－8이므로 8은 5보다 3 큰 수입니다.

13 ㉮에는 2와 4 중 더 작은 수인 2가 들어갑니다.
㉱에 들어갈 수는 7보다 크고 9보다 작은 수이므로 8입니다.
㉯에 들어갈 수는 5보다 큰 수이므로 6, 7이 들어갈 수 있고, ㉮에서 ㉱로 갈수록 큰 수가 들어가므로 ㉯에는 6, ㉰에는 7이 들어갑니다.
따라서 어머니의 여행용 가방의 비밀번호는 2678입니다.

14 ①, ②, ③, ④ ➡ 8개
⑤ 9개

15 윤희 앞에 5명의 사람이 서 있으므로 윤희는 여섯째에 서 있다는 것을 알 수 있습니다.
따라서 반대로 뒤에서부터 윤희의 순서를 세어 보면 셋째에 서 있습니다.

17 ① 8 ② 6 ③ 5

18 철수의 앞에 4명의 친구들이 달리고 있으므로 철수는 앞에서 다섯째에서 달리고 있습니다.
철수 다음에 유리가 있으므로 유리는 앞에서 여섯째, 뒤에서는 넷째에서 달리고 있습니다.

19 성인이는 철수가 3개 가지고 있는데 철수보다 1개 더 많으므로 스티커를 4개 가지고 있습니다.
수연이는 스티커 5개를 가지고 있었는데 성인이에게 1개 더 받아 6개가 되었고,
우리는 수연이보다 1개 더 많으므로 7개의 스티커를 가지고 있습니다.
민주는 스티커를 9보다 1 작은 수인 8개 가지고 있습니다.
따라서 민주, 우리, 수연, 성인, 철수 순으로 많은 수의 스티커를 가지고 있습니다.

20 ㉠에서 □ 안에 들어갈 수 있는 수는 5, 6, 7, 8, 9입니다.
㉡에서 □ 안에 들어갈 수 있는 수는 8, 7, 6, 5, 4, 3, 2, 1입니다.
따라서 ㉠과 ㉡에 공통으로 들어갈 수 있는 수는 5, 6, 7, 8로 모두 4개입니다.

21 (앞) ○○●○○○○ (뒤)
↑
예슬
➡ 버스 정류장에 한 줄로 서 있는 사람은 모두 7명입니다.

22 가장 작은 수부터 차례로 늘어놓으면
0, 2, 3, 4, 5, 7, 8입니다.
둘째와 여섯째 사이의 수는 3, 4, 5이고
이중 가장 큰 수는 5입니다.

23 사탕 9개를 차이가 3개가 되도록 나누면 다음과 같습니다.
상연 : ○○○○○○
예슬 : ○○○
＞9개
따라서 상연이가 먹은 사탕은 6개입니다.

24 영수가 한솔이에게 구슬 2개를 주면 한솔이가 영수보다 구슬이 1개 더 많아지므로 영수는

한솔이보다 구슬을 **3**개 더 많이 가지고 있습니다.
따라서 한솔이가 영수에게 구슬 **2**개를 주면 영수는 한솔이보다 구슬이 **7**개 더 많아집니다.

25 효근이네 모둠 : ○●○○○○○ ➡ **7**명
↑
효근

신영이네 모둠 : ○○●○○○○○○ ➡ **9**명
↑
신영

따라서 신영이네 모둠이 **2**명 더 많습니다.

2 여러 가지 모양 16~23쪽

01 ③	02 **1**	03 ①
04 **2**	05 ③	06 **7**
07 ①	08 ②	09 **3**
10 **6**	11 **5**	12 **7**
13 ②	14 ⑤	15 ③
16 ③	17 **3**	18 **6**
19 ②	20 ③	21 **2**
22 **5**	23 **9**	24 **9**
25 **8**		

02 모양 : **2**개, 모양 : **3**개

04 평평하고 뾰족한 부분이 있는 것은 모양입니다. ➡ **2**개

07 모양 **3**개, 모양 **4**개를 사용하여 만든 것입니다.

08 모양 : **3**개, 모양 : **6**개, 모양 : **4**개

09 쌓을 수 없는 것은 평평한 부분이 없는 모양입니다. ➡ **3**개

10 주어진 모양을 만들려면 모양이 **4**개 필요합니다.

가영이는 **4**개보다 **2**개 더 많이 가지고 있었으므로 모양을 모두 **6**개 가지고 있었습니다.

11 조건에서 설명하는 모양은 평평한 부분도 있고, 뾰족한 부분도 있어야 하므로 모양입니다.
모양을 수민이는 **3**개, 예슬이는 **2**개 사용하여 $3+2=5$(개) 사용했음을 알 수 있습니다.

12 개수가 가장 많은 학용품은 지우개로 모두 **7**개입니다.

14 모양 : **2**개, 모양 : **7**개, 모양 : **3**개

15 ①과 ②는 모양 **2**개, 모양 **6**개, 모양 **4**개를 사용했습니다.

16 물건을 순서대로 놓으면 일곱째는 모양, 여덟째와 아홉째는 모양이 놓입니다.

17 모양 **6**개, 모양 **3**개이므로 모양이 **3**개 더 많습니다.

18 모양을 한 개 만들 때마다 모양이 모양보다 **2**개씩 더 많아집니다.
따라서 모양을 **3**개 만들려면 모양이 모양보다 $2+2+2=6$(개) 더 많이 필요합니다.

19 모양, 모양, 모양, 모양이 반복되는 규칙입니다.
따라서 빈 곳에 들어갈 모양은 모양입니다.

20 예슬이가 모양을 가졌고, 가영이는 모양을 가졌으므로 석기는 모양을 가졌습니다.

21 모양은 **7**개, 모양은 **5**개이므로 모양은 모양보다 **2**개 더 많이 사용했습니다.

22 둘째는 첫째보다 **2**개를 더 많이 사용했습니다.
셋째는 둘째보다 **3**개를 더 많이 사용했습니다.
넷째는 셋째보다 **4**개를 더 많이 사용했습니다.
따라서 다섯째는 넷째보다 **5**개를 더 많이 사용했습니다.

23 모양의 개수는 오른쪽으로 갈수록 2개, 3개, 4개, …씩 늘어납니다. 따라서 아홉째는 여덟째보다 모양이 9개 더 필요합니다.

24 가영이가 처음에 가지고 있던 모양은 $3-1=2$(개), 모양은 $9-5=4$(개), 모양은 $7-4=3$(개)이므로 모두 $2+4+3=9$(개)입니다.

25 첫 번째와 두 번째 조건에 의해 모양은 2개, 모양은 2개, 모양은 3개입니다.

(앞) 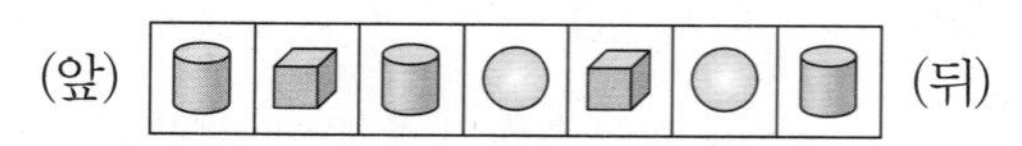 (뒤)

(앞) 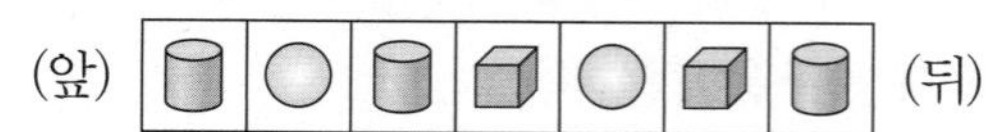 (뒤)

(앞) (뒤)

(앞) (뒤)

(앞) (뒤)

(앞) (뒤)

(앞) (뒤)

(앞) (뒤)

3 덧셈과 뺄셈 24~31쪽

01	6	02	9	03	5
04	7	05	3	06	6
07	③	08	8	09	3
10	⑤	11	8	12	2
13	7	14	1	15	6
16	8	17	8	18	5
19	3	20	8	21	8
22	6	23	7	24	8
25	5				

01 4와 2, 5와 1, 3과 3을 모으면 6입니다.

02 가장 큰 수는 8, 가장 작은 수는 1이므로 두 수를 모으면 9입니다.

03 □ 안에 들어갈 수는 차례로 3, 5, 4이므로 가장 큰 수는 5입니다.

04 $3+4=7$(마리)

05 $8-5=3$(개)

06 2와 7을 모으면 9이고, 9는 6과 3으로 가를 수 있습니다.

07 ① 7 ② 6 ③ 8 ④ 6 ⑤ 7

08 빼는 수가 1씩 커지면 두 수의 차는 1씩 작아집니다.
㉠은 3보다 1 큰 수인 4이고, ㉡은 5보다 1 작은 수인 4입니다.
따라서 $㉠+㉡=4+4=8$입니다.

09 ㉠ $6-3=3$, ㉡ $7-5=2$, ㉢ $3-1=2$, ㉣ $5-4=1$, ㉤ $8-2=6$, ㉥ $9-7=2$
이므로 두 수의 차가 2인 뺄셈식은 3개입니다.

10 3과 6을 모으면 9이므로 ㉠은 9이고
9는 5와 4로 가를 수 있으므로 ㉡은 4입니다.

11 ㉠=8, ㉡=0이므로 $㉠+㉡=8+0=8$입니다.

12 ㉠ + ㉡ − ㉢ + ㉣ + ㉤ − ㉥ +
따라서 −를 넣어야 할 식은 ㉡과 ㉤으로 2개입니다.

13
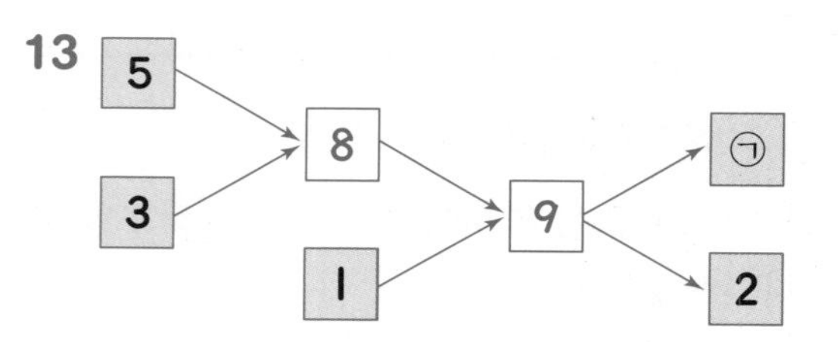

5와 3을 모으면 8이고 8과 1을 모으면 9입니다.
9는 7과 2로 가를 수 있으므로 ㉠은 7입니다.

14 ㉠=6, ㉡=5이므로
$㉠-㉡=6-5=1$입니다.

15 수를 3개씩 묶을 때 묶음의 셋째번 수는 3, 4, 5로 1씩 커지는 규칙이 있습니다.
따라서 ㉠에 알맞은 수는 5보다 1 큰 수인 6입니다.

16 ♥+3=8에서 ♥=8−3=5
♥−♣=2에서 5−♣=2, ♣=5−2=3
이므로 ♥+♣=5+3=8입니다.

17 차가 가장 큰 뺄셈식을 만들려면 가장 큰 수에서 가장 작은 수를 빼어야 합니다.
8−0=8이므로 ㉠은 8입니다.

18 어떤 수를 □라 하면 □+2=9에서
□=9−2=7입니다.
따라서 바르게 계산하면 7−2=5입니다.

19

♥	9	8	7	6	5
♣	0	1	2	3	4
♥−♣	9	7	5	3	1

따라서 ♥가 6, ♣가 3일 때 합은 9, 차는 3입니다.

20 △=2+2=4
□=4+2=6
◆=6+2=8

21

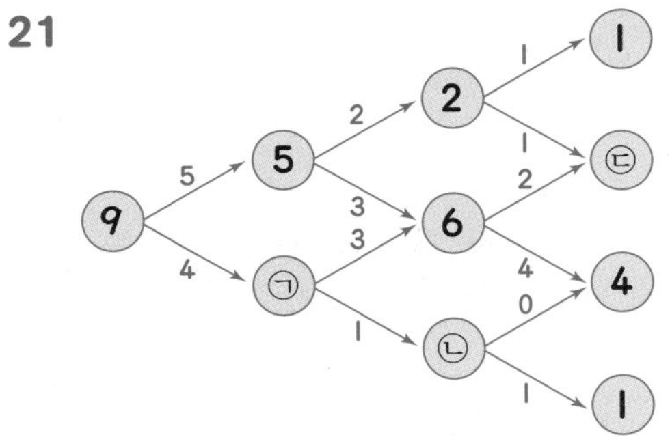

9−5=4에서 ㉠=4, 4−3=1에서 ㉡=1,
1+2=3에서 ㉢=3이므로
㉠+㉡+㉢=4+1+3=8입니다.

22 정류장마다 3명이 내리고 2명이 타므로 코끼리 열차에 어린이는 1명씩 줄어듭니다.
첫째에 8명, 둘째에 7명, 셋째에 6명, 넷째에 5명, 다섯째에 4명, 여섯째에 3명이 있게 됩니다.

23 0+1+8=9, 0+4+5=9, 1+3+5=9 등으로 세 수를 모아 9를 만들 수 있으나 7을 넣어 9를 만들 수 없습니다.

24

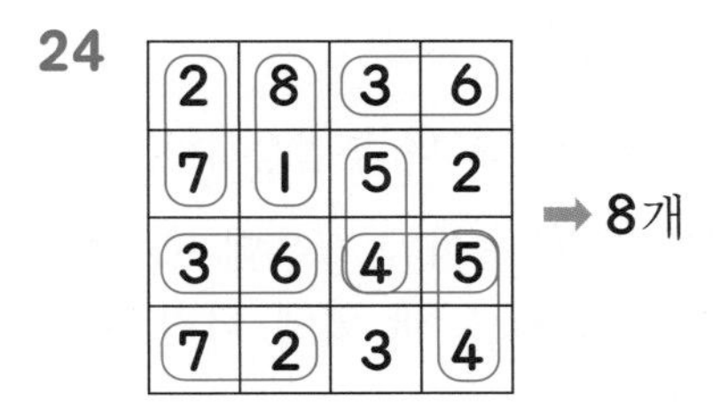

➡ 8개

25 (소)=9−7=2(마리), (닭)=9−6=3(마리)
이므로 (닭)+(소)=3+2=5(마리)입니다.

4 비교하기 32~39쪽

01 ①	02 ②	03 2
04 ③	05 ①	06 ②
07 ①	08 ③	09 3
10 ②	11 ②	12 ⑤
13 ③	14 ②	15 ④
16 ③	17 ④	18 ③
19 ②	20 8	21 ①
22 9	23 7	24 3
25 ③		

03 양팔 저울로 비교한 물건의 무게를 생각해 보면 책보다 무거운 것은 운동화와 수박입니다.

05 ① 8개 ② 7개

08 주스의 높이는 같으나 그릇의 모양과 크기가 다르므로 그릇이 가장 큰 첫째 그릇에 주스가 가장 많이 들어 있고 가장 작은 셋째 그릇에 주스가 가장 적게 들어 있습니다.

09 연필보다 더 긴 것은 자, 볼펜, 칼이므로 모두 3개입니다.

11 머리끝이 맞추어져 있으므로 발끝이 가장 아래쪽에 있는 사람이 가장 큽니다.

12 상연이보다 유승이가 더 무겁고, 유승이보다 근희가 더 무거우므로 근희, 유승, 상연 순으로 무겁습니다.

13 양쪽 끝이 맞추어져 있으므로 많이 구부러져 있을수록 깁니다.

따라서 가장 짧은 것은 ③입니다.

14 고무줄이 길게 늘어날수록 더 무겁습니다.

15 ① 세 컵에 담긴 물의 높이가 같은데 세 컵의 크기가 모두 다르므로 세 컵에 담긴 물의 양은 모두 다릅니다.
② 같은 높이의 물이 담겨 있을 때 ㉠의 컵이 가장 작으므로 담긴 물의 양이 가장 적습니다.
③ 남은 높이도 모두 같으므로 컵의 크기가 가장 큰 ㉡이 앞으로 담을 수 있는 물의 양이 가장 많습니다.
④ 물의 높이가 같을 때는 가장 큰 컵인 ㉡에 담긴 물의 양이 가장 많습니다.
⑤ 빈 ㉠컵에 ㉢에 담긴 물을 옮기면 ㉢에 담긴 물이 더 많으므로 지금보다 물이 더 위로 올라올 것입니다.

16 똑같은 컵이므로 남은 주스가 가장 적은 사람이 가장 많이 마셨습니다.
따라서 가장 많이 마신 사람은 한초입니다.

17 칸 수를 세어 보면 ㉠은 **7**칸, ㉡은 **9**칸, ㉢은 **8**칸이므로 칸 수가 가장 많은 것부터 차례로 쓰면 ㉡, ㉢, ㉠입니다.

18 모눈 종이 한 칸의 선을 몇 번 지나는지 알아봅니다.
① **7**번 ② **6**번 ③ **9**번
따라서 길이가 가장 긴 것은 ③입니다.

19 같은 무게로 구슬을 만들 때 개수가 적을수록 한 개의 무게는 무겁습니다.

20 ㉡$=2+2=4$
㉢$=2+2+4=8$

21 상연이가 이긴 횟수는 **5**번이고 예슬이가 이긴 횟수는 **3**번이므로 더 높이 올라간 사람은 상연입니다.

22 귤의 무게는 쇠구슬 $7-3=4$(개)의 무게와 같고 사과의 무게는 쇠구슬 $8-3=5$(개)의 무게와 같습니다.
따라서 귤과 사과의 무게는 쇠구슬
$4+5=9$(개)의 무게와 같습니다.

23

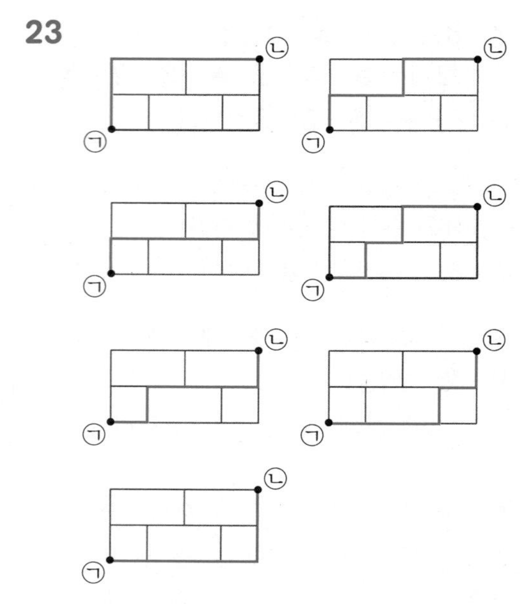

24 귤 **4**개와 사과 **2**개의 무게가 같으므로
사과 **1**개와 귤 **2**개의 무게가 같습니다.
사과 **3**개는 귤 **6**개와 무게가 같으므로
배 **2**개와 귤 **6**개의 무게가 같습니다.
따라서 배 한 개의 무게는 귤 **3**개의 무게와 같습니다.

25
- 지혜 < 유승 < 예슬
- 유승 < 영수 < 한솔
- 예슬 < 한솔
- 예슬 < 영수

따라서 키가 가장 작은 사람부터 차례로 이름을 쓰면 지혜, 유승, 예슬, 영수, 한솔입니다.

KMA 실전 모의고사

1회 40~47쪽

01 ⑤	02 4	03 6
04 2	05 ②	06 ②
07 3	08 8	09 6
10 ②	11 ②	12 8
13 8	14 7	15 6
16 2	17 4	18 ④
19 5	20 ①	21 5
22 5	23 ③	24 8
25 3		

01 5는 다섯이라고 읽습니다.

02 7개의 인형 중에서 3개를 색칠하므로 색칠하지 않은 인형은 4개입니다.

03 5보다 크고 7보다 작은 수는 6이므로 예슬이가 먹은 만두는 6개입니다.

04 모양은 ㉡과 ㉣입니다.

06 모양 : 2개, 모양 : 4개, 모양 : 1개

07 두 수를 모아 6이 되는 경우는 0과 6, 1과 5, 2와 4, 3과 3입니다.
따라서 빈칸에 알맞은 수는 3입니다.

08 $3+5=8$

09 그림을 그려 보면

1등 2등 3등
○ ○ ● ○ ○ ○ ○ ○ ○
성근 / 성근이보다 늦게 들어온 학생

모두 9명이 달리기를 하였으므로 성근이보다 늦게 들어온 학생은 6명입니다.

10 가장 무거운 사람부터 차례로 쓰면 신영, 석기, 예슬입니다.

11 넓이를 비교한 대화를 보면
(손수건) < (수학책) < (스케치북)이므로 가장 넓은 물건은 스케치북입니다.

12 ■보다 1 작은 수는 6이므로 ■는 6보다 1 큰 수인 7입니다.
▲보다 1 작은 수는 7이므로 ▲는 7보다 1 큰 수인 8입니다.

13 (앞) ○○○○ (유승) ○○○ (뒤) ➡ 8명

14 가영이에게 구슬 2개를 받으면 예슬이는 구슬이 5개가 됩니다.
이때 두 사람의 구슬의 수가 같아졌으므로 가영이가 가지고 있는 구슬도 5개입니다.
따라서 처음에 가영이가 가지고 있던 구슬의 수는 5보다 2 큰 수인 7이므로 7개입니다.

15 모양 3개, 모양 7개, 모양 1개를 사용하여 만든 것입니다.
가장 많이 사용한 모양은 가장 적게 사용한 모양보다 $7-1=6$(개) 더 많이 사용하였습니다.

16 서로 다른 색을 ①, ②라고 하면 위에서부터 색을 칠하고 만나는 모양을 서로 다른 색으로 칠할 때, 색을 가장 적게 사용해야 하므로 다음과 같이 색을 칠할 수 있습니다.

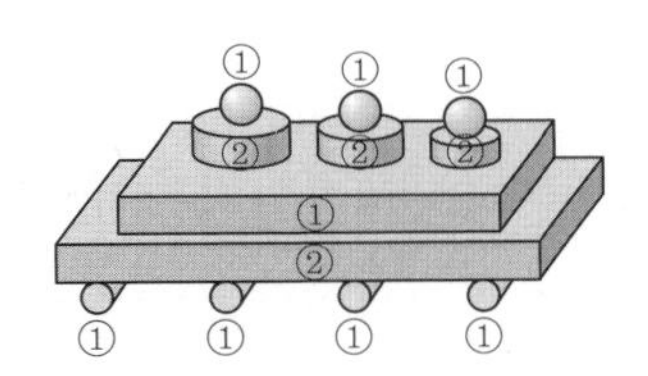

따라서 가장 적은 색으로 칠하려면 2가지 색이 필요합니다.

17 5를 두 수로 가르는 것으로 5는 0과 5, 1과 4, 2와 3으로 가를 수 있습니다.
왼손에 공깃돌이 1개 있으므로 오른손에는 공깃돌이 4개 있습니다.

18 1과 2를 모으면 3, 1과 3을 모으면 4, 1과 6을 모으면 7, 2와 3을 모으면 5, 2와 6을 모으면 8, 3과 6을 모으면 9이므로 2장을 뽑아 모은 수가 될 수 없는 것은 6입니다.

19 3과 4, 1과 6을 모으면 7이 되고, 5만 남습니다.

20 ㉮ 나무는 ㉯ 나무보다 낮고, ㉰ 나무보다 높으므로 낮은 나무부터 차례로 쓰면 ㉰, ㉮, ㉯입니다.
㉱ 나무는 ㉰ 나무보다 낮으므로 낮은 나무부터 차례로 쓰면 ㉱, ㉰, ㉮, ㉯입니다.
따라서 높이가 세 번째로 낮은 나무는 ㉮ 나무입니다.

21 딸기를 상연이가 더 많이 가지도록 나누는 경우

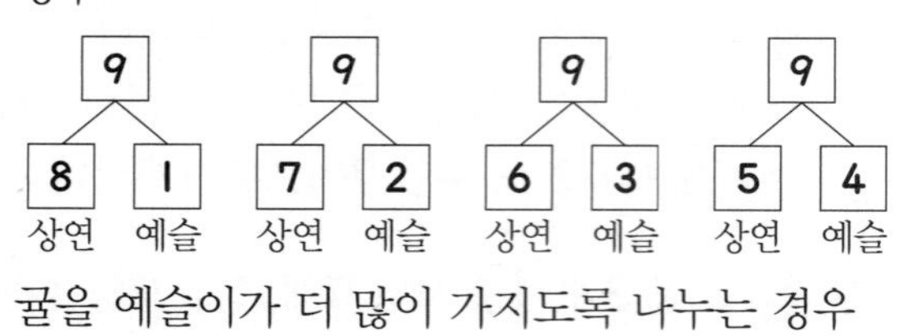

귤을 예슬이가 더 많이 가지도록 나누는 경우

따라서 예슬이가 가진 딸기의 개수는 **4**개이므로 상연이가 가진 딸기의 개수는 **5**개입니다.

22 ㉠은 **9**보다 **1** 작은 수이므로 **8**입니다.
㉡과 ㉢은 **8**을 두 수로 가른 것으로 **0**과 **8**, **1**과 **7**, **2**와 **6**, **3**과 **5**, **4**와 **4**로 가를 수 있습니다.
㉡이 ㉢보다 **2** 작은 수이므로 ㉡은 **3**, ㉢은 **5**입니다. 따라서 ㉢에 알맞은 수는 **5**입니다.

23 모양은 **3**개씩 반복되므로 아홉째에는 (상자) 모양입니다.
색깔은 **2**개씩 반복되므로 아홉째에는 빨간색입니다.

24

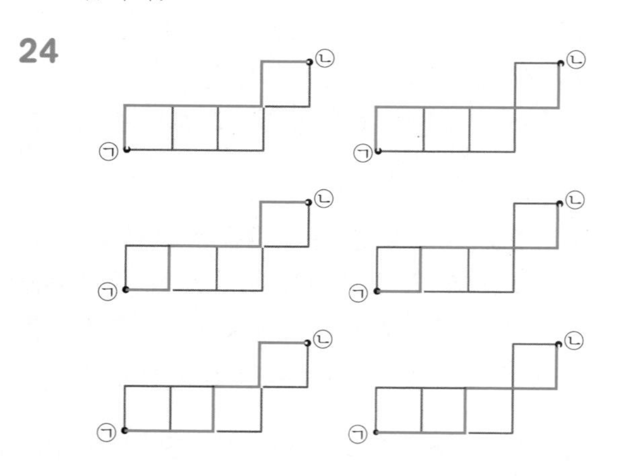

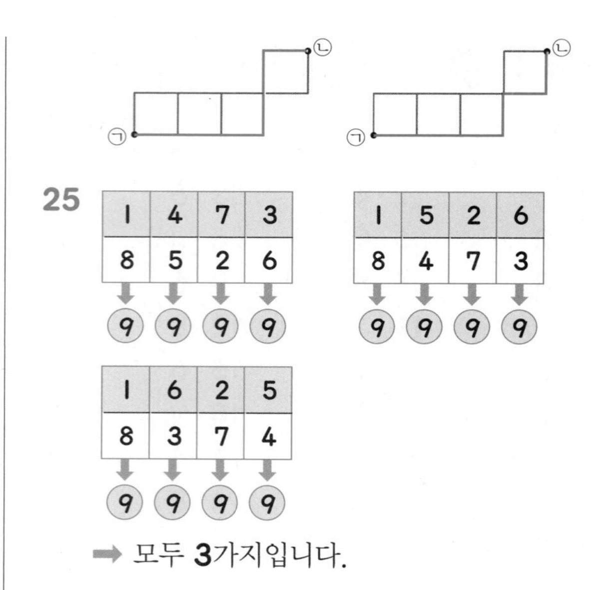

25 ➡ 모두 **3**가지입니다.

2 회 48~55쪽

01 ③	02 ④	03 ④
04 ②	05 3	06 ①
07 6	08 ③	09 3
10 ②	11 ③	12 3
13 ②	14 5	15 ②
16 8	17 6	18 6
19 3	20 ⑤	21 3
22 9	23 7	24 8
25 12		

02 앞에서부터 첫째 번에는 명호, 둘째 번에는 진수, 셋째 번에는 영희, 넷째 번에는 영기, 다섯째 번에는 기수가 서 있습니다.

03 ① **4**는 **5**보다 작습니다.
② **2**는 **6**보다 작습니다.
③ **8**은 **7**보다 큽니다.
⑤ **1**은 **0**보다 큽니다.

04 (상자) 모양 **3**개, (원기둥) 모양 **4**개, (공) 모양 **1**개로 만든 것으로 가장 많이 사용된 모양은 (원기둥) 모양입니다.

05 상자 모양의 일부분을 나타낸 것입니다.
따라서 상자 모양을 찾으면

 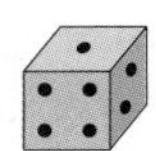 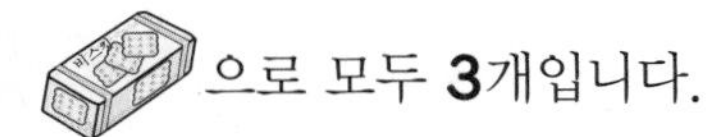으로 모두 3개입니다.

07 $6-0=6$

08 야구방망이가 2개, 야구 장갑이 3개이므로 덧셈식으로 나타내면 $2+3=5$입니다.

09 덧셈식 $4+3=7$을 뺄셈식으로 나타내면
$7-3=4$, $7-4=3$으로 나타낼 수 있습니다.
따라서 □ 안에 알맞은 수는 3입니다.

11 ① 6장 ② 5장 ③ 7장

12 1과 9 사이에 있는 수는 2, 3, 4, 5, 6, 7, 8이고 이 중에서 5보다 큰 수는 6, 7, 8이므로 모두 3개입니다.

13 가 반복되는 규칙이므로

㉠에는 , ㉡에는 가 들어가야 합니다.

14 0 1 3 4 5 7 9

↑ 다섯째 (5)

15 첫 번째 그림에서 모양 1개의 무게는 모양 2개의 무게와 같으므로
두 번째 그림에서 모양 2개의 무게는 모양 3개의 무게와 같습니다.
따라서 가장 무거운 모양은 모양입니다.

16 만들어진 모양을 보면 모양 2개, 모양 2개, 모양 1개를 사용하여 만든 것입니다.
만들고 난 후에 모양 3개와 모양 2개가 남았으므로 만들기 전에는
모양 $2+3=5$(개), 모양 2개,
모양 $1+2=3$(개)가 있었습니다.
따라서 만들기 전에 모양과 모양은 모두 $5+3=8$(개) 있었습니다.

17 5와 3을 모으면 8, 1과 8을 모으면 9, 2와 4를 모으면 6, 6과 1을 모으면 7이 됩니다.
이 중에서 가장 작은 수는 6입니다.

18 주어진 숫자 카드를 가장 작은 수부터 차례로 늘어놓으면 0 1 4 5 8 9 입니다.
둘째 번에 오는 숫자 카드는 1 이고, 넷째 번에 오는 숫자 카드는 5 입니다.
따라서 $1+5=6$입니다.

19 예슬이 앞에는 한 명이 서 있으므로 다음과 같습니다.

(앞)		예슬					(뒤)

가영이와 석기 사이에는 한 명이 서 있으므로 다음과 같이 6가지가 있습니다.

①	(앞)	가영	예슬	석기				(뒤)
②	(앞)	석기	예슬	가영				(뒤)
③	(앞)		예슬	가영		석기		(뒤)
④	(앞)		예슬	석기		가영		(뒤)
⑤	(앞)		예슬		가영		석기	(뒤)
⑥	(앞)		예슬		석기		가영	(뒤)

상연이는 유승이보다 앞에 있고, 상연이와 유승이 사이에는 2명이 서 있으므로 ③, ④의 경우에 조건이 맞습니다.

(앞)	상연	예슬	가영	유승	석기	지혜	(뒤)
(앞)	상연	예슬	석기	유승	가영	지혜	(뒤)

➡ 유승이 앞에는 모두 3명이 서 있습니다.

20 키위는 감, 레몬보다 가볍고, 감은 레몬보다 무겁고 바나나보다 가볍습니다.
따라서 가장 가벼운 것부터 차례로 쓰면 키위, 레몬, 감, 바나나입니다.

21 □는 3과 8 사이의 수이므로 4, 5, 6, 7이 될 수 있습니다. 이 중에서 4보다 큰 수는 5, 6, 7이므로 □ 안에 공통으로 들어갈 수 있는 수는 모두 3개입니다.

22 7을 ●와 1로 가르기 하였으므로 ●는 6입니다.
6을 2와 ★로 가르기 하였으므로 ★은 4입니다.
4와 3을 모으면 ◆가 되므로 ◆는 7입니다.
따라서 ♣에 알맞은 수는 7과 2를 모은 9입니다.

23 모양의 개수는 2개, 3개, 4개, …씩 늘어납니다.

따라서 일곱째는 여섯째보다 ▢ 모양이 7개 더 필요합니다.

24 기차를 만드는 데 ▢ 모양 9개, ▢ 모양 7개, ◯ 모양 4개가 필요합니다.
기차를 만들고 ▢ 모양 2개, ◯ 모양 1개가 남았으므로 기차를 만들기 전에 수민이가 가지고 있던 모양은 ▢ 모양 9개, ▢ 모양 9개, ◯ 모양 5개입니다. 이 중 동생에게 받은 것이 ▢ 모양 1개, ▢ 모양 2개, ◯ 모양 3개이므로 처음에 수민이가 가지고 있던 모양은 ▢ 모양 8개, ▢ 모양 7개, ◯ 모양 2개입니다.
따라서 처음에 가장 많이 가지고 있던 모양의 개수는 8개입니다.

25 왼쪽에 ▢ 모양을 놓을 때 :

▢	◯	▢

▢	◯	▢

▢	▢	◯

▢	▢	▢

→ 4가지
왼쪽에 ◯ 모양을 놓을 때와 ▢ 모양을 놓을 때도 각각 4가지씩이므로 모두 $4+4+4=12$(가지)입니다.

3회 56~63쪽

01 5	02 2	03 7
04 2	05 5	06 7
07 ④	08 5	09 1
10 ②	11 ①	12 9
13 8	14 3	15 7
16 8	17 3	18 6
19 4	20 8	21 3
22 6	23 8	24 ②
25 ③		

01 왼쪽부터 차례대로 색칠할 때 셋째 번에 칠하게 되는 수는 5입니다.

02 시윤이의 카드에 적힌 숫자는 6이고, 시윤이가 이기려면 친구들의 카드에 적힌 숫자가 시윤이의 카드에 적힌 숫자보다 작아야 합니다.
따라서 영수, 성미와 놀이를 했을 때 이길 수 있으므로 2번을 이길 수 있습니다.

03 ■보다 1 작은 수는 5이므로 ■는 6이고, ▲는 ■보다 1 큰 수이므로 7입니다.

04 어느 방향으로 굴려도 잘 굴러 가지 않는 모양은 ▢ 모양입니다.
따라서 ▢ 모양을 찾으면 휴지 상자와 선물 상자로 모두 2개입니다.

05 ▢ 모양 5개, ▢ 모양 1개, ◯ 모양 1개로 만든 모양입니다.

06 평평한 부분, 뾰족한 부분이 모두 없는 것은 ◯ 모양입니다.
따라서 〈가〉에는 3개, 〈나〉에는 4개 사용되어 〈가〉와 〈나〉 모두에는 7개가 사용되었습니다.

07 ④ 8은 2와 6 또는 3과 5로 가를 수 있습니다.

08 $8-3=5$(명)

09 (민희)$=3+2=5$(자루)
(시윤)$=3+3=6$(자루)
따라서 시윤이가 $6-5=1$(자루) 더 많이 가지고 있습니다.

11 (필통)>(지우개), (가위)>(지우개), (가위)>(필통)이므로 가위가 가장 무겁고, 지우개가 가장 가볍습니다.

12 ▭은 두 수를 비교 했을 때 작은 수가 나오는 규칙이고 ▬은 두 수를 비교 했을 때 큰 수가 나오는 규칙입니다.
따라서 ㉠=3, ㉡=6이므로 ㉠과 ㉡의 합을 구하면 9가 됩니다.

13 6과 9 사이의 수는 7, 8이고, 두 수 중에서 7보다 큰 수는 8입니다.

14 (매표소) ○ ○ ○ ○ ○ ○ ○ ○ ○
미나 3명 준서

15 ▢ 모양 8개, ▢ 모양 2개, ◯ 모양 1개로

만들었습니다.

따라서 모양은 모양보다 7개 더 많이 사용하였습니다.

16 보기에서 설명한 블록은 모양입니다. 왼쪽 모양에는 모양이 4개, 오른쪽 모양에는 모양이 4개 사용되어 수영이와 유리가 가지고 있던 모양은 모두 8개임을 알 수 있습니다.

17 처음에 남학생 2명이 있었는데 남학생 3명이 더 왔으므로 남학생은 모두 5명입니다.
남학생과 여학생이 모두 8명이므로 여학생은 8－5＝3(명)이 됩니다.

18 빨간 색종이 6장은 수연이가 성인이보다 2장 많이 가져야 하므로 수연이 4장, 성인이 2장으로 나누어 가진 것입니다.
파란 색종이 7장은 수연이가 성인이보다 3장 적게 가져야 하므로 수연이 2장, 성인이 5장으로 나누어 가진 것입니다.
따라서 수연이가 가진 색종이는 모두 6장입니다.

19 빨간 리본 2개의 길이는 노란 리본 4개의 길이와 같으므로 빨간 리본 1개의 길이는 노란 리본 2개의 길이와 같습니다.
두 번째 조건에서 파란 리본 4개의 길이가 노란 리본 2개의 길이와 같으므로 빨간 리본 1개의 길이는 파란 리본 4개의 길이와 같습니다.

20
• 감 1개의 무게가 귤 2개의 무게와 같으므로 감 2개의 무게는 귤 4개의 무게와 같습니다.
• 사과 1개와 귤 1개의 무게는 귤 4개의 무게와 같으므로 사과 1개의 무게는 귤 3개의 무게와 같습니다.
• 사과 1개와 감 1개의 무게는 귤 3개와 귤 2개, 즉 귤 5개의 무게와 같으므로 배 1개의 무게는 귤 5개의 무게와 같습니다.

따라서 배 1개와 사과 1개의 무게는 귤 5개와 귤 3개, 즉 귤 8개의 무게와 같습니다.

21 주어진 수를 가장 작은 수부터 차례대로 늘어놓으면 0, 1, 3, 4, 6, 8, 9이므로 둘째에 있는 수는 1이고 여섯째에 있는 수는 8입니다.
따라서 둘째와 여섯째 사이에 놓이는 수는 3, 4, 6이므로 가장 큰 수 6은 가장 작은 수 3보다 3 더 큰 수입니다.

22 영미가 철호에게 구슬 2개를 주면 두 사람이 가지고 있는 구슬의 수가 같아진다고 하였으므로 처음에 영미는 철호보다 구슬을 4개 더 가지고 있습니다. 그런데 철호가 영미에게 구슬 1개를 주면 다시 2개 더 차이가 나므로 영미는 철호보다 구슬을 6개 더 많이 가지게 됩니다.

23 구슬 9개를 한 사람이 모두 가지는 경우를 제외하고 생각해 보면 (1, 8), (2, 7), (3, 6), (4, 5), (5, 4), (6, 3), (7, 2), (8, 1)로 모두 8가지 방법임을 알 수 있습니다.

24 으로 5개씩 반복되는 규칙이 있습니다.
따라서 빈 곳에 들어갈 모양은 모양입니다.
색깔은 빨간색, 파란색, 노란색이 반복되므로 빈 곳에는 파란색을 칠합니다.
➡ , 파란색

25 빨간 그릇에 물을 채우는데 그릇 ㉮로는 5번, 그릇 ㉯로는 3번 물을 부어야 하므로
빨간 그릇>그릇 ㉯>그릇 ㉮입니다.
또한 그릇 ㉰는 빨간 그릇으로 3번, 그릇 ㉱는 빨간 그릇으로 5번 부어야 하므로
빨간 그릇<그릇 ㉰<그릇 ㉱입니다.
따라서 그릇 ㉮<그릇 ㉯<빨간 그릇<그릇 ㉰<그릇 ㉱이므로 2번째로 물을 많이 담을 수 있는 그릇은 그릇 ㉰입니다.

4회 64~71쪽

01 0	02 ⑤	03 ④
04 5	05 ③	06 2
07 4	08 7	09 8
10 ③	11 ③	12 ②
13 5	14 3	15 2
16 ②	17 2	18 4
19 ④	20 ③	21 7
22 1	23 9	24 ④
25 4		

01 접시에 남은 빵은 2보다 2 작은 수이므로 0입니다.

02 ① 3은 4보다 작습니다.
② 5는 7보다 작습니다.
③ 9는 8보다 큽니다.
④ 6은 2보다 큽니다.

03 상황에 따라 아파트의 동 이름은 '삼' 동으로, 팽이의 수는 '다섯' 개로 읽습니다.

04 주어진 물건을 분류해 보면 다음과 같습니다.
상자 모양 : ㉡, ㉣, ㉧, ㉨
둥근기둥 모양 : ㉠, ㉤, ㉥, ㉪, ㉫
공 모양 : ㉢, ㉦, ㉩
따라서 보기에 주어진 둥근기둥 모양의 물건은 5개입니다.

05 가 : 상자 모양 2개, 둥근기둥 모양 2개로 만든 것입니다.
나 : 상자 모양 2개, 둥근기둥 모양 3개, 공 모양 3개로 만든 것입니다.

06 ㉠은 공 모양, ㉡은 둥근기둥 모양의 일부분입니다.
케이크 모양에 공 모양은 7개, 둥근기둥 모양은 5개 사용되었으므로 ㉠ 모양의 개수와 ㉡ 모양의 개수의 차이는 2개입니다.

07 2와 6, 5와 3을 모으면 8이 되므로 사용되지 않는 수는 4입니다.

08 3과 4를 모으면 7이 됩니다.

09 ㉠, ㉡, ㉢에 알맞은 수를 각각 구해 보면
$7+㉠=7$에서 $㉠=0$,
$3-㉡=0$에서 $㉡=3$,
$5-0=㉢$에서 $㉢=5$
이므로 $㉠+㉡+㉢=0+3+5=8$입니다.

10 왼쪽 끝이 맞추어져 있으므로 오른쪽이 더 나온 오이가 가장 깁니다.

11 ① 6칸, ② 5칸, ③ 7칸이므로 ③>①>②입니다.

12 담을 수 있는 물의 양이 가장 많은 것부터 알아보면 ①>④>②>③입니다.
따라서 셋째로 많이 담을 수 있는 그릇은 ②입니다.

13 7보다 1만큼 더 작은 수는 6이고, ㉠보다 1만큼 더 큰 수가 6이므로 ㉠에 알맞은 수는 5입니다.

14 9보다 2 작은 수는 7이고, 7은 4보다 3 큰 수입니다.

15 은혜가 모은 스티커는 $4+3=7$(개)입니다.
성인이는 은혜보다 스티커를 2개 적게 모았으므로 $7-2=5$(개)의 스티커를 모았고,
수연이는 성인이보다 스티커를 3개 적게 모았으므로 $5-3=2$(개)의 스티커를 모았습니다.

16 상자 모양 : 3개, 둥근기둥 모양 : 5개, 공 모양 : 1개

17 고양이 한 마리의 다리는 4개이고 8은 4보다 4 큰 수이므로 닭의 다리는 모두 4개입니다.
따라서 닭 한 마리의 다리는 2개이므로 닭은 2마리입니다.

18 첫째와 셋째 조건에서
㉯는 ㉰보다 $9-5=4$(개) 더 많습니다.
둘째 조건에서 $㉯+㉰=8$, $㉯-㉰=4$가 되는 수를 찾으면 ㉯는 6개, ㉰는 2개입니다.
첫째 조건에서 $㉮+㉯=9$이므로
$㉮=9-6=3$(개)입니다.
따라서 가장 많이 들어 있는 컵과 가장 적게 들어 있는 컵에 있는 구슬 수의 차는
$6-2=4$(개)입니다.

19 남은 길이가 짧을수록 길이가 더 깁니다.
➡ 오이 > 당근 > 고추

20 공의 무게가 비교된 것을 보면 첫 번째 저울에서 ①이 ②보다 무거운 것을 알 수 있으며, 두 번째 저울에서는 ④가 ①보다 무거운 것을 알 수 있습니다. 세 번째 저울에서는 ④가 ③보다 무거운 것을 알 수 있고, 마지막 저울에서는 ③이 ①보다 무거운 것을 알 수 있습니다.
따라서 ④, ③, ①, ②순으로 무거운 공입니다.

21 바둑돌 **9**개를 영희와 철수가 다음과 같이 나누어 가질 수 있습니다.

영희(개)	1	2	3	4	5	6	7	8
철수(개)	8	7	6	5	4	3	2	1

이 중에서 철수가 영희보다 **5**개 더 많이 가지고 있는 경우는 영희가 **2**개, 철수가 **7**개일 때입니다.

22 철원이가 **2**번 이기고 **3**번을 졌다면, 동선이는 **3**번 이기고 **2**번을 진 것입니다. 철원이는 **2**계단씩 **2**번, **1**계단씩 **3**번을 올라가서 시작보다 **7**계단을 올라갔을 것입니다. 동선이는 **2**계단씩 **3**번, **1**계단씩 **2**번을 올라가서 시작보다 **8**계단을 올라갔을 것입니다. 따라서 동선이는 철원이보다 **1**계단 위에 서 있을 것입니다.

23 조건에 알맞게 그림을 그려 보면 다음과 같습니다.

○ ○ ● ○ ○ ● ○ ○ ○

24 다섯 명이 달리고 있는 모습의 그림을 그려 보면 다음과 같습니다.

○ ○ ○ ○ ○
재민 영희 지수 선희 영호

따라서 선희가 달리는 순서는 앞에서 넷째입니다.

25 주어진 조건 을 그림으로 나타내어 봅니다.

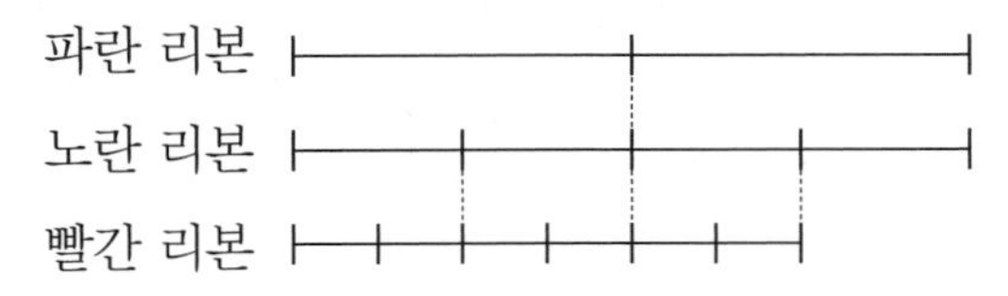

따라서 노란 리본 **1**개는 빨간 리본 **2**개와 길이가 같고 파란 리본 **1**개는 노란 리본 **2**개와 길이가 같으므로 파란 리본 **1**개는 빨간 리본 **4**개와 길이가 같습니다.

5회 72~79쪽

01	9	02	6	03	5
04	3	05	1	06	①
07	3	08	9	09	①
10	①	11	③	12	7
13	⑤	14	3	15	②
16	6	17	3	18	4
19	8	20	④	21	6
22	7	23	6	24	⑤
25	5				

01 샌드위치가 **8**개이므로 **8**보다 **1** 큰 수는 **9**입니다.

02 **7**보다 **1** 작은 수는 **6**이므로 빈 곳에 알맞은 수는 **6**입니다.

03 **4**와 **9** 사이의 수는 **5**, **6**, **7**, **8**이고, 이 중에서 **6**보다 작은 수는 **5**입니다.

04 한 방향으로만 잘 굴러가는 것은 ㉣, ㉤, ㉦으로 **3**개입니다.

05 모양은 **4**개이고 모양은 **3**개이므로 모양이 모양보다 **1**개 더 많습니다.

06 ①은 모양을 **4**개 사용하고, ②는 모양을 **5**개 사용하였습니다.
따라서 모양을 더 적게 사용한 것은 ①입니다.

07 **9**는 **6**과 **3**으로 가를 수 있고 **4**와 **3**을 모으면 **7**이 되므로 빈 곳에 공통으로 들어갈 수는 **3**입니다.

08 ♥는 **3**이고 ♣는 **6**입니다.
3과 **6**을 모으면 **9**입니다.

10 넓이가 가장 넓은 것부터 차례로 쓰면 ④, ②, ①, ③, ⑤입니다.

12 0부터 9까지의 수 중에서 6보다 큰 수는 7, 8, 9입니다. 그중 가장 작은 수는 7입니다.

13 ○가 4개 그려져 있으므로 5개를 더 그려야 9가 됩니다.

14 모양의 일부는 ◻ 모양을 나타냅니다.
◻ 모양은 ㉠, ㉦, ㉧으로 3개입니다.

15 ◻ 모양 : 4개, ◻ 모양 : 6개, ◯ 모양 : 3개

16 ㉠은 8보다 1 큰 수이므로 9입니다.
㉡과 ㉢은 9를 두 수로 가른 것으로
0과 9, 1과 8, 2와 7, 3과 6, 4와 5로 가를 수 있습니다.
㉡이 ㉢보다 3 작은 수이므로
㉡은 3, ㉢은 6입니다.
따라서 ㉢에 알맞은 수는 6입니다.

17 1과 2를 모으면 3입니다. 9를 3과 6으로 가를 수 있고 6은 3과 3으로 가를 수 있으므로 ㉠은 3입니다.

18 동생은 형보다 사탕을 $9-1=8$(개) 더 가지고 있습니다.
사탕의 개수가 같아지려면 동생은 8개의 절반인 4개를 형에게 주어야 합니다.

19 ㉠+㉡=9이므로 (㉠, ㉡)이 될 수 있는 수는 (0, 9), (1, 8), (2, 7), (3, 6), (4, 5), (5, 4), (6, 3), (7, 2), (8, 1), (9, 0)입니다.
이 중에서 ㉡−㉠=5가 되는 경우를 찾으면 ㉠=2, ㉡=7입니다.
㉢+㉢=2일 때 ㉢=1이므로 1+㉣=7에서 ㉣=6입니다.
따라서 ㉠+㉣=2+6=8입니다.

20 키가 가장 작은 사람이 가장 앞에 서게 되므로 가장 뒤에 선 학생을 구하면 됩니다.
서 있는 순서를 생각해 보면
지훈, 유리, 수연, 민수 순이며, 지혜도 민수보다 앞쪽에 서게 되므로 키가 가장 큰 학생은 민수입니다.

21
4개 2개
상연 예슬 석기

$4+2=6$(개)

22 $3+2+1+3=9$이므로 □ 모양에 있는 수들의 합은 모두 9가 되어야 합니다.
• 1+㉮+3+1=9, ㉮+5=9
➡ 9−5=㉮, ㉮=4
• ㉯+3+1+2=9, ㉯+6=9
➡ 9−6=㉯, ㉯=3
따라서 ㉮와 ㉯의 합은 $4+3=7$입니다.

23 ㉡+㉡=㉣에서 $2+2=4$, $4+4=8$이므로 ㉡은 2 또는 4입니다.
㉡이 2이면 ㉣은 4, ㉢=4+4=8이므로 ㉠=8−2=6입니다.
㉡이 4이면 ㉣은 8, ㉢=8+8=16이므로 해당되지 않습니다.
따라서 ㉠은 6입니다.

24 양팔저울에 달았을 때 올라가는 쪽이 가볍고, 내려가는 쪽이 무겁습니다.
가장 무거운 과일은 멜론이고 가장 가벼운 과일은 오렌지입니다.

25
• 영수는 8장보다 2장 더 적게 가지고 있으므로 6장을 가지고 있습니다.
• 영희는 영수보다 1장 더 많이 가지고 있으므로 7장을 가지고 있습니다.
• 철수는 영수에게 1장을 받으면 철수와 영수가 가지고 있는 색종이의 수가 같아집니다.
따라서 영수가 1장 적어지면 5장이 되므로 철수는 1장이 적은 4장을 가지고 있습니다.
• 소연이는 영희보다 2장 더 많이 가지고 있으므로 9장을 가지고 있습니다.
• 미경이는 5장보다 3장 더 많이 가지고 있으므로 8장을 가지고 있습니다.

색종이를 가장 많이 가지고 있는 어린이는 소연이이고 9장을 가지고 있으며, 가장 적게 가지고 있는 어린이는 철수이고 4장을 가지고 있습니다.
따라서 가장 많이 가지고 있는 어린이는 가장 적게 가지고 있는 어린이보다 5장의 색종이를 더 많이 가지고 있습니다.

KMA 최종 모의고사

1회 80~87쪽

01 4	02 ⑤	03 ④
04 ②	05 ①	06 3
07 6	08 ②	09 ③
10 ②	11 2	12 ④
13 4	14 9	15 ③
16 9	17 ③	18 ②
19 6	20 3	21 7
22 3	23 7	24 9
25 8		

01 1부터 5까지의 수를 큰 수부터 1씩 작아지는 순서로 늘어놓은 것으로 5−4−3−2−1이 됩니다.
따라서 빈 곳에 들어갈 수는 4입니다.

02 둘째는 순서를 나타내는 말로 '둘', '이', '이등', '이반' 등과 관계가 있습니다.

03 오른쪽에서부터 세어 보면 포도는 여덟째에 있습니다.

04 모양 2개, 모양 4개, 모양 3개입니다.
따라서 개수가 가장 많은 모양은 모양입니다.

05 모양을 ①은 4개, ②는 3개 사용하였으므로 ①이 1개 더 많이 사용하였습니다.

06 $7+2=9$이므로 $6+㉠=9$입니다.
6과 3을 더하면 9가 되므로 ㉠에 들어갈 수는 3입니다.

07 $㉠=4$, $㉡=2$이므로 $㉠+㉡=4+2=6$입니다.

08 $9-4=5$를 덧셈식으로 나타내면 $4+5=9$, $5+4=9$로 나타낼 수 있습니다.

09 그릇의 크기가 가장 큰 ③컵에 우유가 가장 많이 들어갑니다.

10 시소는 가벼운 쪽이 올라가므로 강아지는 돼지보다 더 가볍고 토끼는 강아지보다 더 가볍습니다.
따라서 토끼가 가장 가볍습니다.

11 왼쪽은 8보다 1 작은 수인 7이고, 오른쪽은 8보다 1 큰 수인 9입니다.
따라서 오른쪽에 들어갈 수는 왼쪽에 들어갈 수보다 2 큰 수입니다.

12 (앞) ➡ 첫째 둘째 셋째 넷째 다섯째
○ ● ○ ○ ○
다섯째 넷째 셋째 둘째 첫째 ← (뒤)

13 모양 4개, 모양 3개, 모양 5개가 사용되었습니다.

14 다섯째는 셋째보다 $4+5=9$(개)가 더 필요합니다.

15 두 수를 모으면
① 7 ② 4 ③ 9 ④ 8 ⑤ 8
이므로 ③이 가장 큽니다.

16 가 반복되는 규칙입니다.
따라서 ㉠은 로 점이 5개이고 ㉡은 로 점이 4개이므로 ㉠과 ㉡에 찍히는 점의 개수를 모으면 9개입니다.

17 $3+2$의 식에 맞게 이야기를 만들 때 농구공이 3개로 제시되어 있으므로 피구공은 2개, 체육관에서 가지고 와야 하는 공의 수는 $3+2$를 한 5개입니다.
따라서 들어갈 수로 알맞은 것은
㉠ : 2, ㉡ : 5입니다.

18 한솔이는 유승이보다 더 크고 예슬이는 상연이보다 더 큽니다.
그런데 한솔이가 예슬이보다 더 크므로 한솔이가 가장 큽니다.

19 색연필 1개의 길이는 클립 3개의 길이와 같고 자 1개의 길이는 색연필 2개의 길이와 같습니다.
따라서 자 1개의 길이는 클립 6개의 길이와 같습니다.

20 감 1개의 무게가 귤 2개의 무게와 같으므로 감 2개의 무게는 귤 4개의 무게와 같습니다.
사과 1개와 귤 1개의 무게가 감 2개의 무게와

같으므로 사과 1개와 귤 1개의 무게는 귤 4개의 무게와 같습니다.
따라서 사과 1개의 무게는 귤 $4-1=3$(개)의 무게와 같습니다.

21 □−□=7을 만족하는 식은 $9-2=7$, $8-1=7$입니다.
$9-2=7$이면 □−□=6을 만족하는 식은 $7-1=6$이고, 남은 수 3, 4, 5, 6, 8로는 □+□=9와 □+□=8을 모두 만족시키는 식을 만들 수 없습니다.
$8-1=7$이면 □−□=6을 만족하는 식은 $9-3=6$이고, 남은 수 2, 4, 5, 6, 7로 $4+5=9$, $2+6=8$을 만들 수 있습니다.
따라서 4개의 식을 만들고 남은 수는 7입니다.

22 미연이가 준수에게 사탕 2개를 주고 나서 성원이에게 사탕 1개를 받으면 4개를 가지게 됩니다. 준수가 사탕 2개를 받아서 4개가 되었으므로 준수는 처음에 사탕 2개를 가지고 있었으며, 성원이는 미연이에게 사탕 1개를 주고 나서 4개가 되었으므로 처음에 사탕 5개를 가지고 있었습니다.
따라서 처음에 성원이는 준수보다 사탕 3개를 더 많이 가지고 있었습니다.

23 보기 식에서 기호의 규칙을 찾아보면
① 3★4=4, 5★2=5이므로 '★'은 두 수를 비교하여 더 큰 수를 구하는 기호입니다.
② 1▲3=2, 5▲2=3, 2▲4=2이므로 '▲'는 두 수의 차이를 구하는 기호입니다.
③ 2♥3=7, 2♥4=8, 3♥2=8이므로 '♥'는 앞의 수를 두 번 더하고, 뒤의 수를 더한 결과를 구하는 기호입니다.
기호의 규칙에 따라 계산해 보면 1과 3 중 더 큰 수는 3이므로 1★3=3, ㉠=3입니다.
3★㉡=5이므로 ㉡=5이고, 5▲4=1이므로 ㉢=1입니다.
'♥'는 앞의 수를 두 번 더하고, 뒤의 수를 더한 결과를 구하는 기호이므로 3♥1=7입니다.
따라서 ㉣은 7입니다.

24

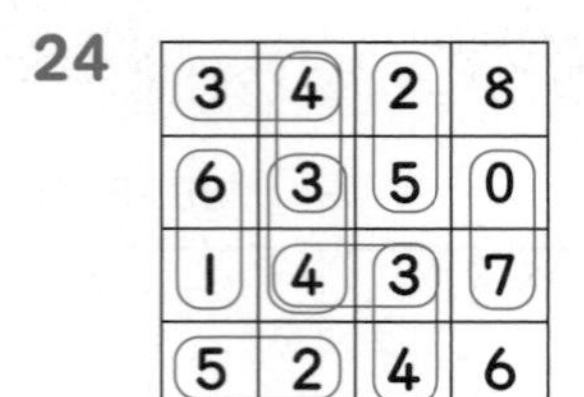

두 수의 합이 7이 되도록 묶으면 9묶음입니다.

25

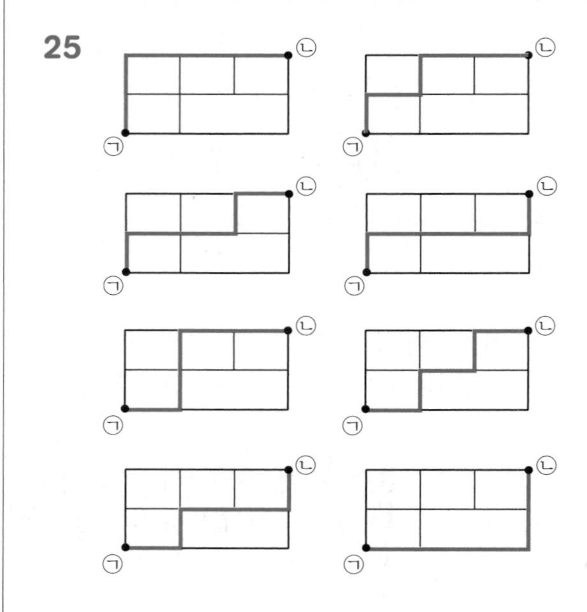

2 회 88~95쪽

01 ④	02 ④	03 1
04 4	05 2	06 6
07 6	08 ⑤	09 ①
10 ①	11 9	12 6
13 5	14 3	15 8
16 5	17 6	18 ②
19 ③	20 ④	21 3
22 3	23 6	24 ⑤
25 3		

01 ①, ②, ③, ⑤는 8을 나타내고 ④는 7을 나타냅니다.

02 4는 사 또는 넷이라고 읽습니다.

03 왼쪽에서 여섯째에 있는 수는 1입니다.

04 오른쪽 모양은 ▢ 모양의 일부분입니다.
따라서 ▢ 모양을 찾으면 모두 4개입니다.

05 신영이와 한초가 설명하는 모양은 모양이므로 평평한 부분이 **2**개 있습니다.

06 모양 : **6**개, 모양 : **5**개, 모양 : **4**개

07 (남은 케이크 조각의 수)
=(처음에 있던 케이크 조각의 수)
−(먹은 케이크 조각의 수)
=**8**−**2**=**6**(조각)

08 ①, ②, ③, ④ ➡ **2**
⑤ ➡ **3**

09 양쪽 끝이 맞추어져 있으므로 많이 구부러진 줄넘기가 더 깁니다.
가장 긴 것은 가장 많이 구부러진 것이므로 ①입니다.

10 작은 □의 개수를 세어 넓이를 비교해 봅니다.
① ➡ **9**개 ② ➡ **8**개 ③ ➡ **7**개
따라서 넓이가 가장 넓은 것은 ①입니다.

11 • **7**은 □보다 **3** 큰 수이므로 □는 **7**보다 **3** 작은 수인 **4**입니다.
• △는 □보다 **5** 큰 수이므로 △는 **4**보다 **5** 큰 수인 **9**입니다.

12 (지혜)=**9**−**4**=**5**(층)
(상연)=**5**−**4**=**1**(층)
(유승)=**1**+**5**=**6**(층)

13

	미현	신유
처음(개)	**7**	**6**
1회의 결과(개)	**5**(**7**−**2**=**5**)	**8**(**6**+**2**=**8**)
2회의 결과(개)	**9**(**5**+**4**=**9**)	**4**(**8**−**4**=**4**)

따라서 두 사람의 구슬의 개수 차이는 **9**−**4**=**5**(개)입니다.

14 모양 **5**개, 모양 **4**개, 모양 **7**개로 만든 것입니다. 가장 많이 사용한 모양은 모양으로 **7**개, 가장 적게 사용한 모양은 모양으로 **4**개이므로 가장 많이 사용한 모양은 가장 적게 사용한 모양보다 **3**개 더 많이 사용하였습니다.

15 가 모양을 만드는 데 필요한 모양은 **4**개, 나 모양을 만드는 데 필요한 모양은 **4**개이므로 가와 나 모양을 만드는 데 필요한 모양은 모두 **8**개입니다.

16 왼손에 있는 구슬 **3**개와 오른손에 있는 구슬 **6**개를 모으면 구슬 **9**개가 됩니다.
구슬 **9**개는 구슬 **4**개와 구슬 **5**개로 가를 수 있으므로 주먹 쥔 손에 있는 구슬은 **5**개입니다.

17 한초가 읽은 동화책 수는 **5**권보다 **2**권 더 적은 **3**권이고, 효근이가 읽은 동화책의 수는 **3**권보다 **3**권 더 많은 **6**권입니다.

18 ①, ③ ㉮ 빨대는 ㉯ 빨대보다 짧습니다.
② ㉯ 빨대는 ㉰ 빨대보다 깁니다.
④ ㉮ 빨대 **5**개를 연결한 것과 ㉯ 빨대 **2**개를 연결한 것의 길이가 같습니다.
⑤ ㉰ 빨대를 같은 길이로 **2**도막으로 자른 빨대 조각은 ㉯ 빨대를 같은 길이로 **5**도막으로 자른 빨대 조각보다 짧습니다.

19 감은 귤보다 더 무겁고, 사과는 감보다 더 무겁습니다.
또 배는 사과보다 더 무거우므로 가장 무거운 과일은 배입니다.

20 유승이는 한솔이보다 크고, 근희는 유승이보다 크므로 근희는 한솔이보다 큽니다.
근희는 성은이보다 작으므로 키가 가장 큰 학생은 성은이고 키가 가장 작은 학생은 한솔이입니다.

21 성냥개비 한 개를 옮겨서 만들 수 있는 수 :
0 9 ➡ **2**개
성냥개비 한 개를 더해서 만들 수 있는 수 :
8 ➡ **1**개
따라서 성냥개비 한 개를 더하거나 옮겨서 만들 수 있는 수는 모두 **3**개입니다.

22 모양 : **9**−**3**=**6**(개),
모양 : **8**−**1**=**7**(개),

◯ 모양 : $6-2=4$(개)
➡ $7-4=3$(개)

23 ㉯와 ㉰는 3 또는 4입니다.
㉯가 3이면 ㉰는 4이고 ㉮는 6, ㉳는 8입니다.
㉲$=3+4=7$, ㉱$=6+3=9$입니다.
㉯가 4이면 ㉰는 3이고 ㉮는 8, ㉳는 6입니다.
㉲$=4+3=7$, ㉱$=8+4=12$이므로 가능하지 않습니다.
따라서 ㉮는 6입니다.

24 보기에 따라 비교해 보면 민수는 두 번째로 큰 노란색 컵을 사용했고, 수연이는 가장 작은 파란색 컵, 시윤이는 가장 큰 빨간색 컵을 사용했습니다.
따라서 컵을 사용한 사람, 컵의 색깔, 컵의 크기가 큰 순서가 바르게 된 것은 ⑤입니다.

25 9를 가르기 한 수가 또 다른 두 수로 가르기가 되어야 하므로 가르기가 될 수 있는 것은
(2, 7), (3, 6), (4, 5) 뿐입니다.
(1) 9를 (2, 7)로 가르기 할 경우

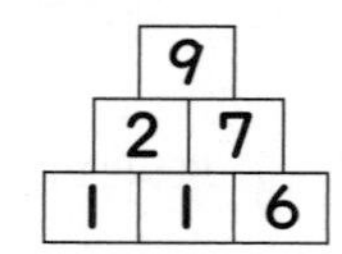

(2) 9를 (3, 6)으로 가르기 할 경우

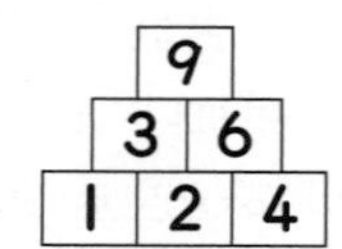

(3) 9를 (4, 5)로 가르기 할 경우

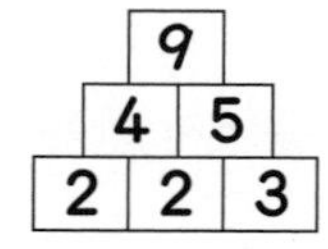

Memo

Memo

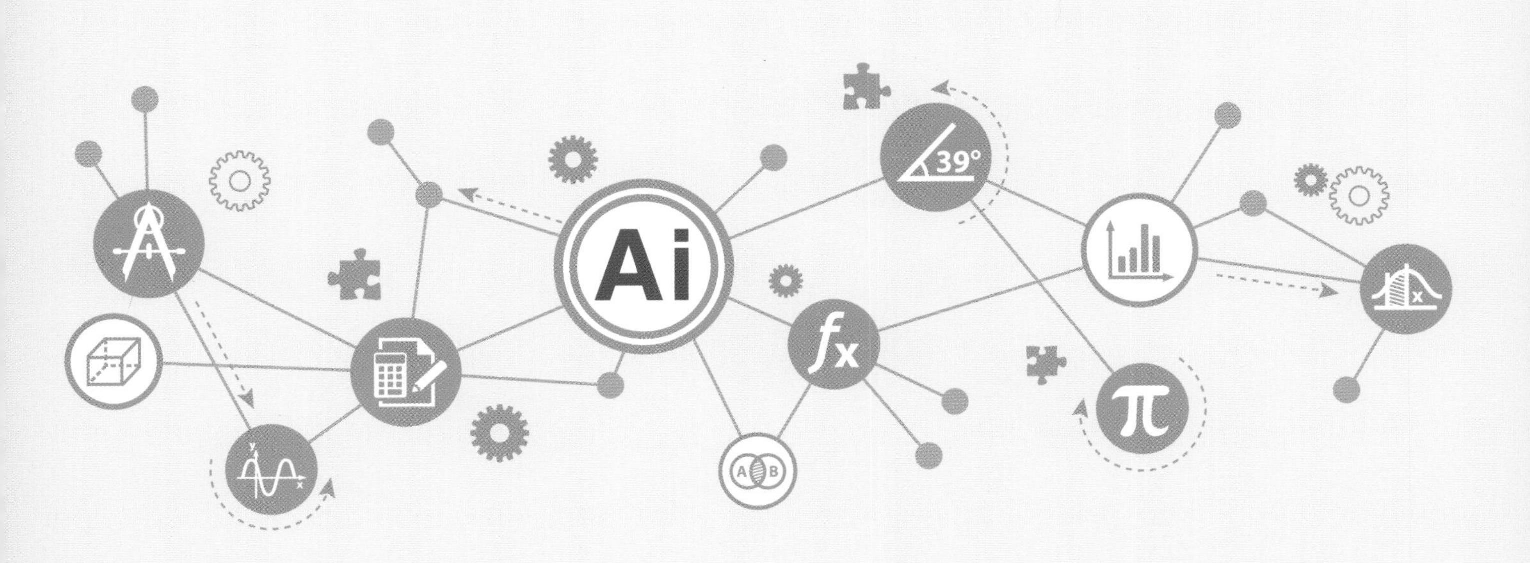
Ai
39°

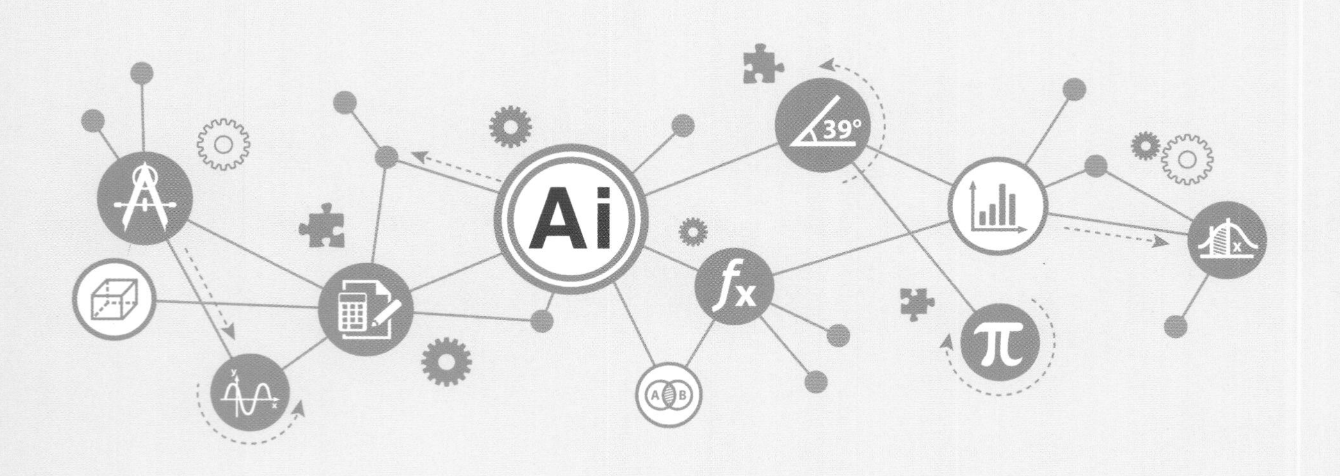
Ai
39°
fx
π

초등
왕수학

초등
왕수학